暦のはなし十二カ月

【第三版】

内田正男 著
Masao Uchida

雄山閣

はじめに

月日と季節の関係は太陽暦では毎年一定である。昔の暦、いわゆる旧暦では季節と日付が毎年十一日ずつずれ、最大三十日ばかりの差が生ずる。旧暦は、平均的には立春正月の暦である。したがって同じ日付でも、太陽暦とは二十日から五十日、季節の差がある。これらのことは理屈ではわかっていても、実際にはどうしてもいろいろ誤解が見られる。

それとともに、昔といまの時刻の違いにも多くの勘違いがなされている。いままでに書いた著書でも、その辺のところには、特に気をつけてきたつもりであるが、なかなかに誤解はとけない。『歳時記』ふうなもの、という今回の出版社のもとめに応じて、上記の暦日と時の新旧の違いをいろいろの角度から取り上げて、年初から歳末まで月を追ってまとめたものが本書である。なるべく旧著とは違った題材なり、立ち入り方をしたつもりであるが、「日本の暦」という狭い世界から選択する事項はそう多くはない。したがって、本来の暦からある程度脱線したり、また前著との若干の重複も避け難く、その点については寛容をお願いしたいと思う。

本著は雄山閣の佐野昭吉氏の強いおすすめにより生まれたものであるが、挿入の写真や絵の手配まですっかりお願いする結果になった。御礼申し上げる次第である。

一九九一年十一月

古稀の日を迎えて

内田正男

暦のはなし十二カ月［第三版］●目次

十一月 しもつき

十二月 しわす

一月

むつき

◆年の初め

歳時記といえば、やはり年の初めから書き始めるのが無難のように思える。しかし言葉で簡単に年の初めといっても、暦の上での話をする場合、必ずしもそう簡単ではない。

中国の古い昔の話。伝説上の王朝である夏《か》、それに続く殷《いん》（ここからは歴史上の王朝）、そして周の三代では正月、つまり年の初めの時期を変えたという説がある。

周では冬至のある月（後代の十一月）を正月とし、殷ではそれより一カ月遅い月、夏ではさらに一カ月遅い月を、それぞれ正月としていた。これによって周正、殷正、夏正という言葉が生まれた。この説を三正論と呼ぶ。

この話の真実性は疑われているが、漢の太初暦（中国の正史に、その詳細が示されている最初の暦法で紀元前一〇四年から後八四年まで施行された）で夏正が採用されてから後、一時的に殷正や周正が採用されたことが何回かはあったが、唐の上元二年（七六一）に一年間周正が行われたのを最後に、以後はずっと夏正である。

また秦《しん》の始皇帝時代から漢の武帝の太初元年（紀元前一〇四）に夏正が採用されるまで、十月を正月とし、一年を十月から始め、十一月、十二月、一月……として九月で終えるという称え方が行われた事実もある。

以上は中国流の太陰太陽暦（ふつうただ陰暦とよぶ）の正月、すなわち年初の歴史である。

暦にはご存じのように陰暦と太陽暦がある。現在陰暦は使われていない、といっても暦の話といえば、陰暦の方が話題が豊富である。太陽暦はわが国では歴史が浅く、またその合理性のゆえに、取り上げる問題があまりない。

しかし私たちは太陽暦で現実に暮らしているのであるから、どうしてもこの二つの暦を並列して話すことになる。同じ元日という言葉を使っても、平均して三十五日の差がある、二つの暦の日付のずれが、話を複雑にする。

年の初め、といっても太陽暦の元日は旧暦なら、まだ寒に入る前で十一月のことが多く、せいぜい、十二月になって間もないときである。

いま話を私たちに関係の深い陰陽の二つの暦に、初めから限定して進めてきたが、それは日本を初め先進国が中緯度地方にあり、四季のおとずれがあるから、暦の年初が重視されてきたけれども、赤道直下で、あまり気候に変化がなければ、春の感じもなく、年初のよりどころは乏しくなろう。

歳時記とは違うけれども、試みに昔の有名な歌集はどのような歌から始めているか、と尋ねてみると『古今和歌集』では、暦の話にはよく引用される年内立春の歌、

ふるとしに春たちける日よめる

年の内に春はきにけり　ひととせを

こぞとやいはん　ことしとやいはん　在原元方

で始まっており、『新古今和歌集』では「春立つこころをよみ侍《はべ》りける」として、

みよし野は　山もかすみて白雪の

ふりにし里に春は来にけり　摂政太政大臣

『金槐《きんかい》和歌集』は「正月一日よめる」として、

今朝みれば　山も霞て久方の

天の原より春は来にけり

と、いずれも立春または年初のころに始まり、春を歌っている。そして以下春、夏、秋……の順に配列してある。その傾向は他の歌集にも見られるが、『万葉集』は別である。上記のような配列は見られずに、なんと最後（四五一六番目）が、

新しき年の始の　初春の

今日ふる雪のいや重《し》け吉事《よごと》

という大伴家持の歌でおわっているのがおもしろい。

暦にこだわりながらの歳時記ということになれば、結局現在の太陽暦に限らないで、いわゆる旧暦を常に念頭に置いて、話を進めるというのが、適当ということになりそうである。

暦には現在、私たちが日常使用しているカレンダーを作る基になっている規則、つまり世界的な日付を決めている太陽暦（これをグレゴリオ暦という）がある。

四年に一度、西暦年数が四で割りきれる年を閏年とし、四百年に三回だけその閏をはぶく。たとえば、今後のことをいえば二一〇〇年、二二〇〇年、二三〇〇年のように、下二桁が〇である年はその〇を取った二十一、二十二、二十三という上二桁が四で割りきれない年は平年とする。つまり世紀末の年に限っては、四で割りきれても四百で割りきれなければ閏年ではない。十九世紀最後の年である明治三十三年（一九〇〇）も、西暦年数が四で割りきれても、平年であった。

明治六年の太陽暦改暦の際は、このへんのところがよく理解されないまま、はっきり規定されずに太陽暦に移行した、そのため明治三十一年五月十一日に閏年に関する勅令を公布して、正確にグレゴリオ暦の規定にあうようにしたものである。

現行の太陽暦は、このように比較的簡単な約束だけで、別に特に天文学の知識がなくても作れ、それでいて太陽の運行とくらべて、問題になるほどの差が生じない。

わが国で初めから太陽暦を採用していたら、特に暦学などというほどのものも必要なかったであろう。日本、というより、わが国が直接そのまま使用したり、江戸時代に入っても、なおその範を取った、中国の太陰太陽暦の特殊性のゆえに、暦法に幾多の変遷があり、調べる課題が多く残されたのである。

それとともに暦に付随した、おびただしい数の暦注という名の迷信事項がもたらされたことは、わが国民にとって不幸な歴史であった、というべきであろう。

なお本書では、簡単に旧暦、あるいは陰暦という言葉を使用するが、それらは特に断らない限り太陰太陽暦のことである。つまり月の満ち欠けの周期によって暦月を決め、二十四節気によって、太陽の季節との調和をはかる、すなわち太陽と太陰（月）の双方の周期の調和の上に作られる暦法のことである。

年初つまり歳の初め、といえば一月一日、旧暦時代の用語なら正月一日、元日に決まっている、と普通は考える。しかし、とはいっても旧暦時代であると、上記の年内立春の歌でもわかるように、立春が十二月にあると、そこから話を始めたくなる気持もわかるような気がする。

本来、時の流れは無限の過去から未来永劫《えいごう》に連続していて、初め終りの区切りはない。したがって年初といい、元日といっても、要するに人間が便宜上つけた区切りでしかない。わが国の話に限っても、旧暦では正月一日は立春の前後十五日の範囲にあって、太陽暦とは平均三十五日違っている。

さらに世界的視野で考えてみれば、たまたま北半球で文明が発達したからこそ、その春を迎える時期に年初が定められたのであろうが、豪州やニュージーランドのような南半球でまず文明が発達し、そこで初めて暦が作られたとしたら、年初がいまの時期になったかどうかは、はなはだ疑わしい。

地球上の生活も多様である。本多勝一氏の『カナダ・エスキモー』（講談社文庫）の「世界で最も単調な環境」の一節に次のように述べられている。

> 沈まぬ太陽を初めて見た私たちは、ある種の感慨を覚えながら、いつまでもながめていた。夜のない国、太陽の終日かがやく国……（中略）……こんな状態だから、睡眠時間は十分でない。……一日の境目がないから、時計をみて注意しないと日付がわからなくなる。エスキモーにとって、一年が三六五日あるということは、まるっきり無意味である。一年は、二日間だ。夜の半年と昼の半年と……。

このような環境のなかでは、暦などは生まれない。『倭訓栞《わくんのしおり》』という江戸時代の国語辞典には、

> 暦とは日読《かよみ》の義、二日、三日とかぞへて、其事を考へ見るものなれば、名とせるなり、欽明天皇の時に来る、暦本をこよみのためしとよめり、

とある。暦とは確かに日々を数えるものであろう。

現実に私たちがいま使っている暦は、遠く何千年も昔に発達した、エジプト暦法の遺産を受け継いだものといえよう。記録に残るかぎり、そのもっとも古い時代から太陽暦を使用していたエジプトの、その古代の暦では一年を三百六十五日として閏年を置かなかったから、四年に一日ずつ本当の一年と違っていた。四年に一日といっても五百年では四カ月も違ってくる。

エジプトの場合は季節を知るためには、恒星のうちで最も明るいシリウスが日の出直前に上がってくるのを観測した。これによって決められる一年は恒星年といって三六五・二五日である。エジプト暦の一四六一年はシリウス年の一四六〇年に当る。つまり

1461エジプト年＝1460シリウス年

365日×1461＝365.25日×1460＝533265日

の関係式が成り立つ。この一四六〇シリウス年をソチス周期、あるいは犬星周期の名で呼んでいる。

ちなみにエジプト暦のように、年初が季節とずれていく年を移動年という。このように移動する年初を、今の場合、標準にするわけにはいかない。といっても、シリウスではかる一年も本当の一年ではない。

地球が太陽の回りを一周する公転周期が、地球に四季の訪れをもたらすのであるから、これが本当の一年であり、三百六十五日と五時間なにがし、小数点をつけていえば三六五・二四二二日で、四年間に一日、つまり一年あたり六時間の補正では十一分ほど大きすぎる。

あまり厳密なことはここではやめにして本題に移ろう。

いずれにしても、地球上にはいろいろの生活があり、暦があった。しかしその大部分の人びとにとって、今の年初が特に不便ということがない以上、今の太陽暦の一月一日がずっと使われるであろうし、時期的にも陰暦の正月より早いので、私もその辺から、つまり太陽暦の元日から話

を進めていきたいと思う。

年初の意味を少し広く解釈すれば、わが国の会計年度や学校における年初は四月であり、アメリカでは十月であったりする。また変わったところでは、フランス革命の際フランスで採用された革命暦では、秋分の日を年初とし、一七九二年九月二十二日に始まる年を第一年としていた(この暦は一八〇六年に廃止された)。

◈ 一月一日

国民の祝日に関する法律では一月一日は「年のはじめを祝う」とある。何がおめでたいのかよくわからなくても、知り合いに会えば、とにかく「明けましておめでとう」という挨拶がとり交わされる。

言語明瞭、意味不明瞭と評された政治家もあるが、このグレゴリオ暦の年初も季節的な、あるいは天文学的でもよいから、人間の生活にとって何か少しでも意味のある日であれば、目出たさも違うと思えるのであるが、ひねくれていうわけではないけれど、おめでとうと挨拶する割にはその意味が不明瞭というところもある。

冬至といえば、日中の一番短くなる日、日影の一番長くなる日である。その日から日は長くなり始め春も遠からじ、となるのであるから、その日あたりを年の初めにするとか、あるいは春分のころを一月一日にでもすれば、天文学的にもすっきりするように思える。

しかし六、七世紀ごろに、まだ暦法を持たなかったわが国に渡ってきた中国暦法は、そもそも華北の気候が基になっているから、立春を年初とするように暦法が作られた。

冬至では少々寒すぎたので、立春の方が一陽来復の年初とするのにふさわしかったものであろう。華北より春の到来がやや遅いわが国では、年初には、春分の方がふさわしかったかもしれないが、中国の暦法を無条件で受け入れたのも当時の日本の事情では当然であったろう。

ところで、なぜか現在の年初は冬至の十日ほどあとになっていて、立春の三十五日も前で天文学的になんの意味もない（その由来はあとで述べる）。

江戸時代の優れて見識のあった中井履軒は立春を年初とする享和元年（一八〇一）の太陽暦を作り、華胥暦《かしょれき》と名づけた。この暦は華胥国という仮の国の暦に仮託して、そのころ使われていた太陰太陽暦を批判した、当時としたら画期的な案であった。

なにしろ、わが国で初めて、貞享暦《じょうきょうれき》という新暦法を考案した渋川春海《はるみ》ですら、太陽暦を理解しようともせず「遊氏が暦法、怪異の甚だし。蓋《けだ》し蛮人の遺毒か」とこれを受けつけなかったくらいであったのだから……。遊氏とは遊子六あるいは遊芸といい、中国福建省の人で『天経或問《てんけいわくもん》』という著書で西洋天文学を紹介し、わが国の学者に大きな影響を与えた。

華胥暦のように、立春を年初とする暦は、考え方としては、なかなか良い思いつきではあるが、立春とか春分とかを年初と決めると、立春なり春分なりを、いちいち計算しないと年初が決まらない。また長年にわたって閏年を一定の間隔に保つことができなくなる恐れがあり、何よりもま

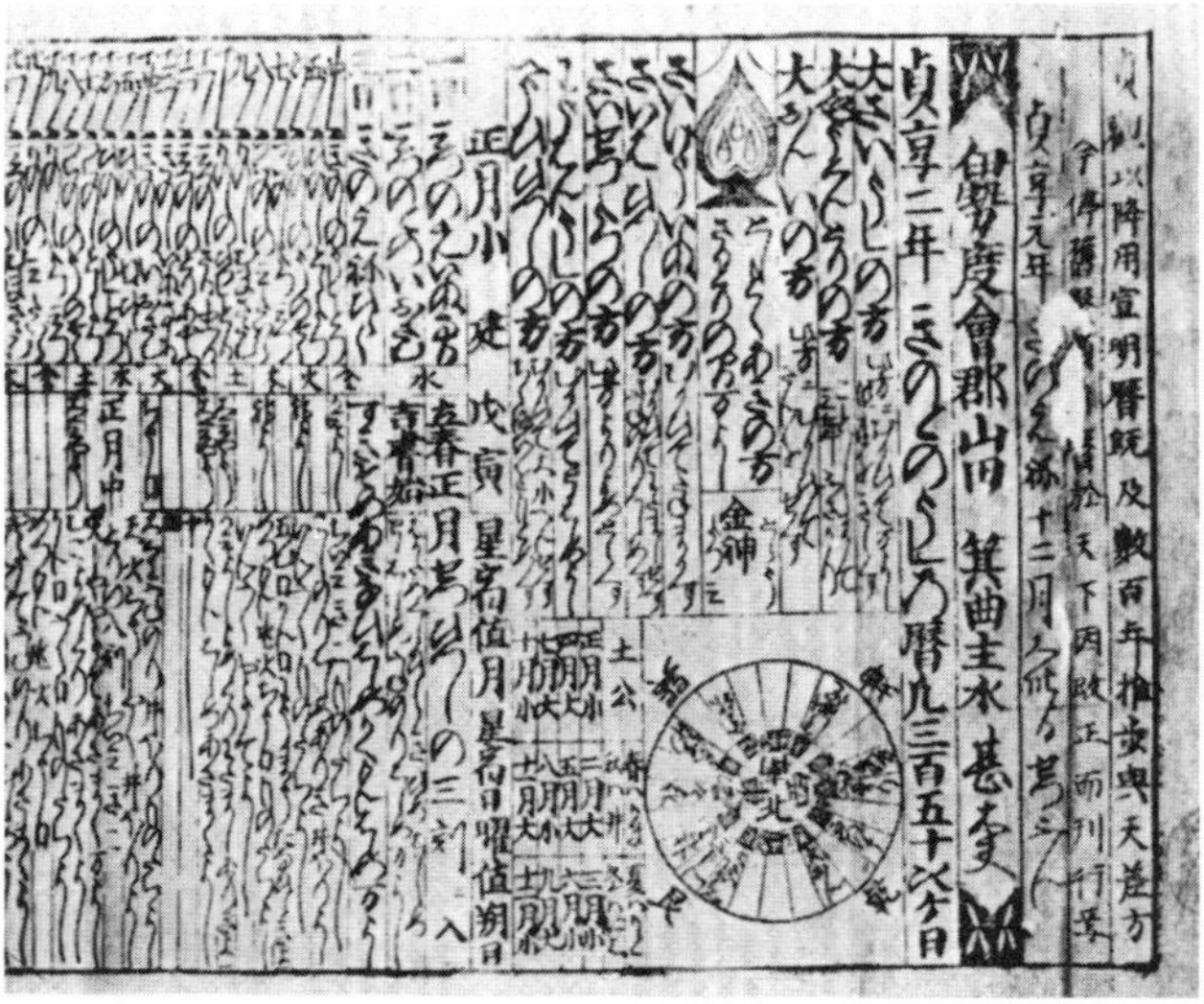

貞享暦（伊勢暦）

ず暦（カレンダー）を作るのにいちいち計算しなければならない、という欠点があるから、この方法はあまり良いともいえない。

江戸時代に西洋事情を紹介した森島中良の『紅毛雑話』には「冬至より十二日にあたる日を以て彼国の正月とす。これをヤニュワレーといふ」と書かれている。

グレゴリオ暦、いま私たちの使っているカレンダーの基準になっている暦法、つまりカレンダーを作る規則は、一五八二年、ローマ法王グレゴリオ十三世が制定したもので、彼の名前をとってグレゴリオ暦と呼ばれたのである。

その暦法の施行前にはユリウス・カエサル（英語よみではジュリアス・シーザー）が定めた暦法が千六百年以上もの間、使われていた。この暦法は制定者の名前を取ってユリウス暦と呼ばれているが、四年に一度の閏年を置くとだけ決めていたので、いままでに述べてきたように太陽の一年より少し大きく、長い年月使用している間にその誤差が次第に蓄積された。

西暦三二五年、ニケアという小都市（現在のトルコ領のアジアに属する半島にある）で宗教会議が招集された。ローマ帝国コンスタンチヌス帝がキリスト教徒を結束させようと企図して開いた会議である。この会議の決定で、キリスト教の祝祭日の日取りはユリウス暦だけによることが義務づけられた。

この西暦三二五年当時には天文学的な春分は三月二十一日であった（春分とは天球上で太陽が南半球から北半球へ入る時をいう）。

十六世紀、グレゴリオ十三世の時代にはユリウス暦の誤差がたまって、天文学的な春分は三月十一日になってしまったのに、春分の日はニケアの宗教会議当時のままユリウス暦の三月二十一日に決められ、それに準じて復活祭の日も決定されていた。

復活祭は簡単にいえば、春分または春分後の最初の満月の後の日曜日と決められており、キリスト教の他の祭日も復活祭に準拠して日が決まるものが多い。毎年祭日の月日が移るので、移動祭日という。

宗教的な意味から、復活祭の日取りはキリスト教的な考えに不慣れな私たち多くの日本人の想像以上に大切なものである。かくて暦法をこのまま放置すると、復活祭は次第に真夏に行われるようになってしまうので、ここで改暦の議が起ることになった。

グレゴリオ十三世は著名な数学者、天文学者、聖職者を集めて改暦委員会を作り改暦案を決定して、一五八二年二月二十四日の教皇勅書で新暦法を交付した。

春分が、宗教会議当時の三月二十一日になるように改める。すなわち天文学的な春分の日が、カレンダーの三月二十一日と一致するようにし、これから以後、暦が天体の運行と狂わないようにすることが、大きな改革点であった。

天文学的な春分の日が暦の上で、もとの三月二十一日になるようにもどすために、一五八二年から十日間をとりさることが決められ、この年のユリウス暦十月四日（木曜日）の翌日を新暦の十月十五日（金曜日）として実施した。つまり日付を十日とばし、曜日は連続させた。

もとより、実生活の上からは春分が三月十一日であっても何ら差し支えなく、大事なことは春分の日が何日であろうと、だんだん日付と季節が、ずれていかなければよいのである。すなわち、暦の一年の平均日数が、太陽年の長さにできるだけ近いことが必要なことである。

この暦の改革は、もっぱら復活祭と春分とのかかわりあいにこだわった、宗教的な固定観念に基づいた決定である。この改革案が発表されると大騒ぎがおこり、学者は論争を始め、街では「渡り鳥はいつ南へ旅立ったらよいか、わかるだろうか」と囁かれ、また失われた十日間を返せ、と騒いだともいわれる。

宗教改革に対しては、残酷な弾圧者であったグレゴリオ十三世は、この改暦案に反対する者は破門すると脅して、この新暦を押しつけた。中国では「観天授時」すなわち暦について「時を民に授ける」といい、また自分の支配下の国には「正朔を奉じさせる」と称して、自国の暦法を用いるように強制した。ただしわが国の場合、中国の暦法を輸入して使用していたが、中国に強制されたわけではない。しかしいずれにしても、洋の東西を問わず「暦法」は支配者の重要な支配道具のひとつであった。

グレゴリオ十三世の強要にもかかわらず、プロテスタントはこの改暦を法王の策略として非難し改暦をはねつけた。このような事情もあって、グレゴリオ暦は簡単には普及せず、その後約三百年以上の歳月を要して、ようやく徐々に全世界的に使われるようになったものである。

国際的な交流が今よりはるかに少なかった時代であっても、長年の習慣を変えることは大変難しいものである。大多数の人間は本来保守的なものである。

戦後、国連ができたばかりのころは、グレゴリオ暦の不備を言い立てて、世界暦という暦法を採用しようとして、改暦の案が国連の経済社会理事会などで論議されたが、とても実現不可能と見切りがつけられ、放棄された形で終っている。現在のように国際社会が複雑になると、改暦のような全世界的に影響するような改革はとうてい無理というものである。

この新規採用の太陽暦はもっぱらグレゴリオ暦と呼ばれているが、実際の考案者はペルジア大学の医学の講師をしていたリリウスであり、そしてこの案を弁護して改暦案を推進したのは、天文学者クラビウスであった。クラビウスはこの功績が評価され、月面の最大級のクレータにその名がつけられている。彼はリリウスのことを「第一の著者」と呼んでいた。

リリウスはこの改暦案の詳細をまとめるのに、十年の歳月を費やしたという。閏年の置き方や、十日間を暦から除くことを提案したのもリリウスである。しかしこの十日間を十月から除くことにしたのはクラビウスであるという。これには別に深い理由があるわけではなく、十月は宗教上の祝日が少なく、商業上でも問題が少ない月として選んだと述べている。

またこの改暦まえは、閏年には余分の日を二月二十五日の前に置き、二月二十四日を二回繰り返すような形にしていたが、この改暦で二月末日に置くように変更された。

いままでに述べてきたように、私たちの使っているカレンダーの一月一日が、なぜいまの季節にあるかといえば、春分を三月二十一日と、まず決め、逆算していけばいまの季節になってしまうということに過ぎない。

グレゴリオ改暦の決定には、初めから年頭のことは念頭になく、まず三月二十一日と決まっている春分があり、その約八十日前に一月一日があった。ということは、一月は三十一日、二月は二十八日という暦月の日数は従来どおりと決まっていたから、その日数分さかのぼれば、いまのような時期が一月一日になるわけである。

グレゴリオ暦の月名と各月の日数、すなわち現在のカレンダーの月日の配置は、ユリウス暦と同じである。したがって一月一日がいまの時期にある、その元はユリウス暦にある。

シーザーがユリウス暦を実施するまえのローマでは、不完全な太陰太陽暦が用いられていたが、年初はいまの三月にあった。そして、いま述べたように、閏日は年末の二月に置かれていた。その名残りで現在も二月に閏日が置かれているのである。

古いローマの暦の毎月は新月から始まっていた。細い、いわゆる三日月が初めて東の空に見えると、祭司たちに指図された触れ役が、往来や広場で新しい月の始まりを大声で叫んだ。この「叫ぶ」を、ラテン語でカレオといい、一日（ついたち）がカレンドとよばれた。カレンダーという言葉はここに由来しているという。

話のついでに述べると、現在でも宗教上に用いられているイスラム暦では各月は新月が初めて見えた、その夕方からその月の暦日が始まる、という純然たる陰暦である。

日本の場合でも、「日本書紀のもとは仮名日本紀であったであろうしそれは月立ちであったろう」と暦の先学小川清彦氏は『日本書紀の暦日に就いて』のなかで述べている。月立ちとは新月によって月の初めとすることの意である。

三日月というと、このごろでは細い月の総称のように使われるが、実際はその月に初めてみえた新月に使われたものである。朏《みかづき》の字を「みかづき」（つきのでとは読まない）と読むことによっても、そのことは窺われるであろう。

だいたい朔の時刻を計算して朔日を決めるには、かなりの天文学的知識を必要とする。朔のとき太陽と同じ経度にあった月は、一日に十二度ずつ天球上を東に、太陽から遠ざかるように動く。したがって三日月を観測すれば、その二日まえが、太陽と月が同一経度にある朔であったと、知ることができることになり、この方が初歩的知識で朔日を推定できる。「遡る」の字はこれからきているという。

三日月（朔から２日と19時間の写真）

六日月（朔から５日と13時間の写真）

三日月とは朔の日から数えて三日目の夕刻に見える月であるから、朔の時刻より四十時間ちょっとしか経っていないときもあれば、六十五時間近く経ているときもある。そのためひと口に三日月といっても、その形は極端に細い月もあるし、多少太い場合もある。

江戸時代に朏暦（みかづきごよみ）といって、毎月の三日月の形を書いて、その暦月にどのような形で初めての月が見えるかを示してある暦があった。

形の話のついでに、三日月はまだ宵のくちに西の空に右下が明るい形に見える。左下が明るい細い月は晦《つごもり》近くになった明け方に東の空に見える。ときどき深夜の情景のはずなのに三日月が描かれていることがある。よく注意してほしいものである。

さて、一月一日のことに戻ろう。紀元前二二二年ごろにはローマでは年始は三月十五日にあり、一月に移ったのは、紀元前一五三年である。シーザーはユリウス暦の制定にあたり、ローマで公用に使われていた一月一日を、それまでローマで一般に使われていたローマ暦（陰暦）の年初と一致するように決めたといわれる。

この陰暦は日本の旧暦などとは比べものにならないくらい不完全なものであった。暦を司る祭司たちの都合で勝手に一年の日数が延びたり、短くなったりしたものである。本来は平年が三百五十五日で、閏年には二十二日または二十三日の閏日を二月の二十三日と二十四日の間に入れるというようなものであった。つまり一年の日数は三百五十五日、三百七十八日、三百五十五日、三百七十七日という四年が一セットで繰り返されるのが原則であった。

シーザーはこの改暦に際して、新暦施行の前年に当る紀元前四六年に通常の閏日のほかに、六十七日もの臨時閏日を置いたので、その年の一年の日数は四百四十五日に及んだ。

法制によって、一年の長さを決め、これを実行したのはシーザーが初めてである。この暦法の考案者はソシゲーネスであるが、シーザーの名前をとってユリウス暦と呼ばれている。せっかく自分の名のついた革新的な暦法も、実施の翌年にシーザーは暗殺されてしまった。

その後、祭司たちは故意か、あるいは無知からか、四年に一度入れるべき閏を三年ごとに入れてしまったので、そのずれを訂正するため、しばらく置閏を省いた。そのためにユリウス暦が正常になったのは西暦八年からとなってしまった。

いずれにしても、いまの一月一日はこのような経過で、冬至の約十日ほど後になっているのである。

ここで新旧の年の初めを比べれば、いうまでもなく新の方が前にある。いまその日付の差の最近四年間を示してみよう。

旧の元日に相当する太陽暦の日付

＊二〇〇一　一月二十四日

二〇〇二　二月　十二日

二〇〇三　二月　一日

＊二〇〇四　一月二十二日　（＊は旧暦に閏月の入る年）

という具合で、早いときは一月二十一日、遅いときは二月二十日くらいとなる。この表をみれば毎年十一日くらいずつ日付が前に動き、旧暦に閏月が入ると、翌年はいっぺんに遅くなることがわかる。太陽暦の一年と旧暦の一年との差が十一日であるから当り前の話である。新旧の日付の差は平均では三十五、六日の差になって、旧の元日は立春（二月四日ごろ）に近くなる。したがって順序として本書は季節の早いほうの、太陽暦の一月一日から話を進めることにしたのである。

太陽暦の一月一日の初日の出は毎年決まって真東より右手（南）約二十八度のところから出る（東京付近の場合）。もっとも南寄りから日が出る冬至の日と比べても、まだ一度とは違ってはいない。もちろん日の入は真西より左（南）二十八度のところに入る。

普通は雲や山やその他の障害物があるので、地平線や水平線からの出没は見られないから、現実に見ている方角は、地平線での方角よりは、さらに南に寄っていることになる。しかし同じ場所から見れば出入りの方角は毎年一定である。もちろん旧暦の元日では一定とはならない。
本居宣長は、暦のなかったころは自然の風物のたたずまいや、日の出入の方角で季節を知ったもので、暦に頼るいまの時代の人より、自然をよく観察していたから、的確に季節をとらえたものである、と『真暦考』の中で述べている。

◈オランダ正月

寛政六年閏十一月十一日は一七九五年一月一日に相当する。この日、蘭学者大槻玄沢は京橋水谷町の家塾芝蘭堂《しらんどう》に親しい蘭学者たちを招いて、いわゆる「オランダ正月」の祝宴を催した。そのときの様子は玄沢の門人の市川岳山が、世に「芝蘭堂新元会図」（早稲田大学図書館所蔵）と呼ばれる絵に残している。

ここには二十九人が数えられ、各人の前にはワイングラスとフォークが見える。列席の人の名は特に記していないが、さきにちょっと触れた森島中良や、ロシヤに漂流して帰国した大黒屋光太夫や杉田玄白・前野良沢などの著名な蘭学者が参加していたことが想像されている。この新元会は天保八年（一八三七）まで四十四回開催された。多くの蘭学者の親睦と意見交換の場として盛会であったといわれる。

これよりさき、この席の主人公である大槻玄沢は長崎遊学の際、有名なオランダ通詞の吉雄耕牛に招かれオランダ正月を経験していたが、長崎では出島のオランダ商館員たちが、長崎の名士

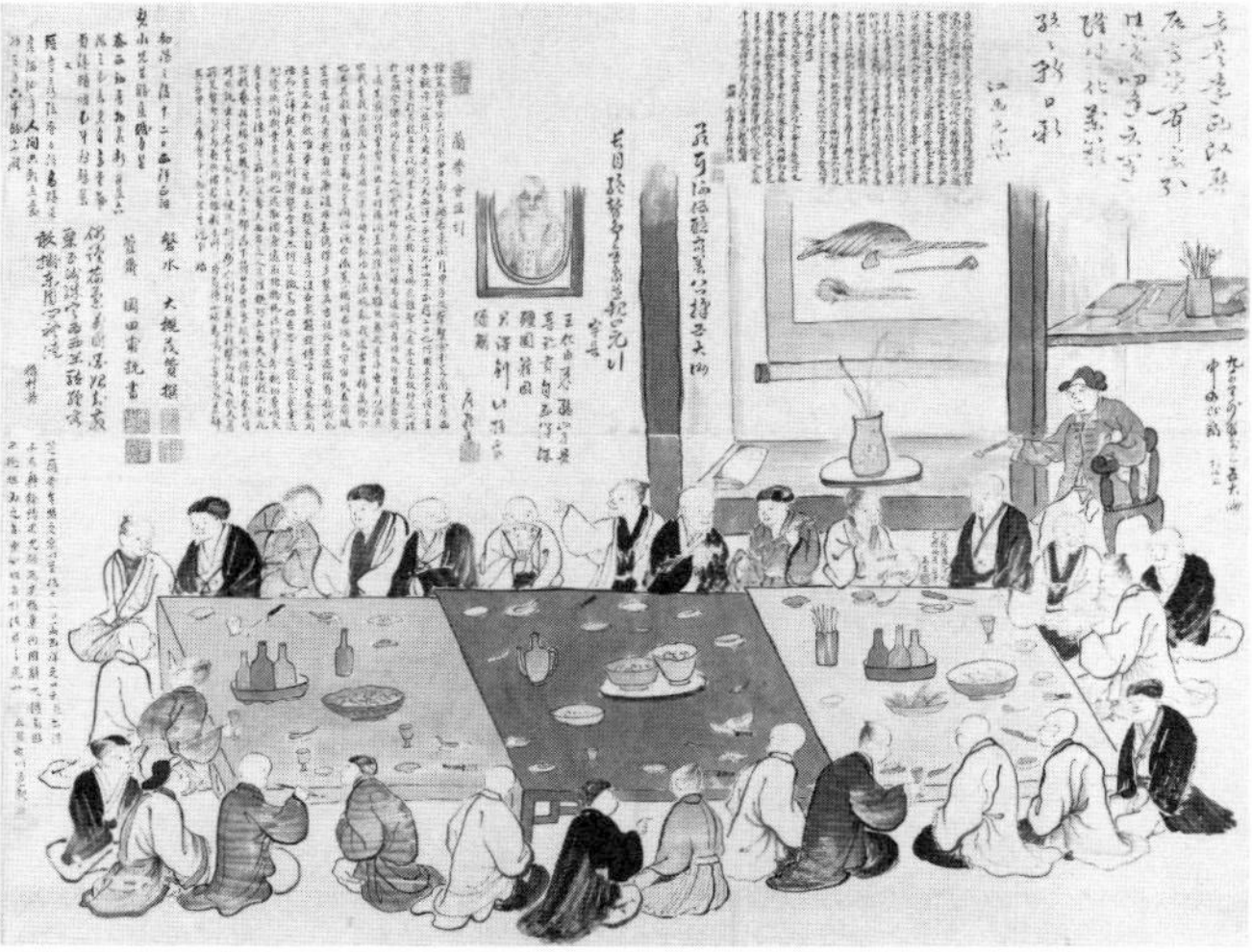

オランダ正月
「芝蘭堂新元会図」早稲田大学図書館所蔵
寛政６年閏11月11日（西暦1795年元旦）、当時、江戸において指導的蘭学者であった大槻玄沢が、自塾芝蘭堂に多くの蘭学者・蘭学愛好家を招き、元旦の賀宴を開催し、新しい学問である蘭学の気勢を上げた。その後、この会は、玄沢の子玄幹の没する天保８年まで44回開催された。

を招いて開催していた。太陽暦の新年を祝った最初の人たちといえよう。

◈二十一世紀

一九九〇年代になった頃から、二十一世紀に向けて、というかけ声がよく聞かれていたが、いざ二十一世紀になった処で、別に何もよい事がおこる訳はなく、新世紀ももう四年目をむかえようとしている。しかし世紀の変わり目に出会って、多くの人が二十一世紀は二千年丁度でなくて、二〇〇一年に始まる、ということをはっきり認識したようである。

それというのも、普通、数を数えるときは一から始める。年号とて同じことで第一年から始まるから、ゼロ年というのはない。西暦も第一年から始まり、その前年は紀元前一年である。つまり前一世紀というのは、紀元元年一月一日の前日、すなわちゼロ年の十二月三十一日から遡って数えだすことになる。二十世紀はもちろん一九〇一年すなわち明治三十四年に始まった。二十世紀が新鮮だったそのころ、たとえば夏目漱石の『我輩は猫である』などには二十世紀の言葉がよく使われている。十九世紀となると享和元年（寛政十三年）に始まる。まだ幕藩体制もかなりしっかりしていた時代である。さらに十八世紀まで遡ると元禄十四年・赤穂浪士討ち入りの前年、さらに十七世紀の初めは関が原の戦いの翌年となる。一世紀というと、ずいぶん時代の隔たりがあるものである。

◈西暦

いまでは当り前のように、古くから使われていると信じられている西暦（キリスト紀元）も、今のように世界的に普及したのはここ二、三世紀のことである。

西暦紀元五五〇年ごろローマで没した、キリスト教の僧侶で神学者であり年代学者でもあったディオニシウス・エクシグヌスが、法王の命令で復活祭の暦算表を作る際、この紀元を提唱したもので、それがすぐに一般的に使用されたわけではない。それまでわりに広く使われていた紀元はディオクレティアヌス紀元であった。この紀元は西暦二八四年〜三〇五年にローマ帝国を支配していたディオクレティアヌス皇帝の即位紀元であったが、彼はキリスト教の残酷な迫害者であったために、この紀元は「殉教者の紀元」と呼ばれるほどであった。

やがてキリスト教も広まり、迫害の時代は過去のものになっているとき、このような皇帝の名をとった紀元はすでにふさわしくなかった。この時代には、キリストの生誕の日として十二月二十五日が祝われていたが、不思議なことに、この十二月二十五日という誕生の日は信じられていたが、それが何年であったかは確実に知られてはいない。

ディオニシウスは、われわれは長い年月を数えるとき迫害者の名前と結びつけるより、主キリストの誕生から年を数える方がよい、としてディオクレティアヌス紀元の二四七年を、自分の新しく考えた紀元の五三一年とした。つまり彼はこの元年にキリストが生誕したと信じて決めたものであろうが、その根拠はわかっていない。実際のキリストの生誕は紀元前五年ごろと歴史学者は言っている。

このころのヨーロッパ各国ではいろいろな紀元が使われていたが、次第にキリスト紀元が広まり、十世紀のころから一部の国が公式に使用を始めた。

◈元号

元号が、昭和から平成にかわって、元号使用の不便さも多くの人が感じるようになった。私はもともと元号不要論者の方である。本来歴史には素人の私など、昔の日付を調べる際も、開闢《かいびゃく》以来の二百五十にものぼる元号に、ずいぶん悩まされつづけてきたものである。過去のことは、とにかくとして、例えば、明治四十一年生まれの人の齢がいくつか、と問われた時、直に答えられる人は稀であろう。明治四十五年が大正元年、大正十五年が昭和元年、昭和六十四年が平成元年と思い出しても、では何歳かとなると、なかなか自信を持った答は出せない。西暦なら二〇〇三から一九〇八を引けばすぐに計算できる。新聞の記事などでも、この数字は元号か西暦かと、判断に迷うこともあり、官公庁や会社の費用や手間も馬鹿にはできない。単なる感傷的な、或いは国粋主義的な考えで、元号に拘るのは愚かな無駄づかいで、世界中たずねても、こんな制度を採用している国はない。

元号の話のついでに、すでに歴史的になっている元号廃止についての、いまではほとんどの人に知られていない話をしよう。まだ戦後間もなくで、保守的な傾向がいまほど強くなかった一九五〇年には「元号廃止の法案」（年の名称に関する法律案）が参議院文部委員長の田中耕太郎氏（後の最高裁長官）や山本有三氏（文学者）、岩村忍氏（文部専門員）らが中心となって準備されていた。

「昭和二十五年の次の年の名称は千九百五十一年とする」という案として国会に提出されるばかりになっていたのに、他の緊急法案を通過させるという国会対策上の理由から上程が延期され、ついに沙汰やみになった事実がある。

この時の参議院の文部委員会の会議録によれば、宮内庁、法務省、外務省、学会、教育界、宗教界および言論関係の人びと二十五人のうち元号廃止に賛成二十名、反対五名であったことも、現在考えれば大変興味深いことである。当時「西暦一本建てをどう思うか」という新聞社の各界

知識人に聞くアンケートの答も元号廃止論者が圧倒的に多く、その論旨は、

世界共通の西暦一本にする方が国際的で合理的であり、また便利だということ、および国民主権を規定した憲法下において、天皇の名を冠した元号を公文書などに記すのは依然として天皇主権の印象を与え憲法の精神に反する。

などであった。この論旨はいまでも立派に通用するというより通用させたいものであるが、現在ではとてもこんな結果は得られないであろう。

いずれにせよ、単に日付を記録するのは国際的に通用する西暦で間に合うのに、ものごとを複雑にする必要は毛頭ない。

◈寒の入り――地球の近日点通過

毎年、寒の入りといえば一月五日ころである。またそのころは、ちょうど地球が太陽に一番近くなるときで、これを地球の近日点通過という。二〇〇四年では、近日点通過は一月五日、小寒は六日である。この近日点通過の日は毎年一、二日前後するが、長期的には少しずつ日付が遅いほうにずれる。

授時暦といって中国暦法の傑作といわれる暦法は一二八一年に施行されたが、そのころは近日点通過が冬至と一致していて、授時暦の正確さを助けた形になっていた。近日点通過は七百年で半月ほどずれたわけである。それでは、太陽に一番近いのに、そのころがなぜ寒の入りか？

それは、近いといっても、その距離は一億四七〇〇万キロメートルで、一番遠いとき（七月四日ごろ）の一億五二〇〇万キロメートルと比べても、率にしたらその差は三十分の一くらいであり、その暑さ・寒さへの影響は、太陽光の地球に対する角度の影響に比べれば微々たるものである。太陽の南中したときの地平からの高度は、一月五日ころでは三十二度にも及ばず、地球をかなり斜めから照らす。それが遠日点通過の七月五日ころは七十七度をこえ、真上から照らされる北半球に酷暑がやってくるのである。その点、南半球では近日点通過が真夏になるから、理屈?は合っていることになる。

◈年齢の話

戦前は習慣的には一月一日になると、全国民がいっせいに一つ齢をとった。いわゆる数え年である。しかしこれは世俗的なもので、「年齢計算ニ関スル法律」明治三十五年十二月二日付の法律第五十号に、

朕帝国議会ノ協賛ヲ経タル年齢計算ニ関スル法律ヲ裁可シ茲ニ之ヲ公布セシム
①年齢ハ出生ノ日ヨリ之ヲ起算ス
②民法（明治二九年四月法律第八九号）第百四十三条ノ規定ハ年齢ノ計算ニ之ヲ準用ス
③明治六年第三十六号布告（年齢計算方ヲ定ム）ハ之ヲ廃止ス

とある。

これに基づく参考判例を次にあげよう。

勧奨退職の対象年齢が「六十歳以上の者」と定められている場合において、明治四五年四月一日生まれの者が満六十歳に達するのは昭和四七年三月三一日である。（昭和五四・四・一九最高裁第一小法廷判決）

明治四十五年は一九一二年、昭和四十七年は一九七二年である。西暦になおして引き算すれば六〇という答はすぐにでる。元号とは不便なものである。

上記の民法第百四十三条は、

期間を定むるに週、月又は年を以てしたるときは暦に従ひて之を算す。週、月又は年の始より期間を計算せざるときは其期間は最後の週、月又は年に於て其起算日に応答する日の前日を以て満了す。但月又は年を以て期間を定めたる場合に於て最後の月に応答日なきときは其月の末日を以て満期日とす。

である。法律用語は難しい。今日から何週間という場合、その日がたとえば水曜日なら、その何週間目の火曜日で満了するということ、また応答日なきときというのは、三十一日に起算して満期の月が二月である場合などがこれに相当する例となるであろう。

明治六年第三十六号布告とは、

自今年齢ヲ計算候義《ママ》幾年幾月ト可相数事但旧暦中ノ儀ハ一干支ヲ以テ一年トシ、其生年ノ月数ハ本年ノ月数ト通算シ、十二ケ月ヲ以テ一年ト可致事。

旧暦の年には、たとえば明治五年は壬申《みずのえさる》の年というように必ず干支を付随させて記録していた。それとともに平年と閏月の入る年では、一年の日数が三十日も違うこともあった（たとえば、明治元戊辰《つちのえたつ》の年は三百八十三日であったが、明治二己巳《つちのとのみ》の年は三百五十五日であった）ので、その日数の相違にかかわらず、一年は一年だということである。

こうしてみると年齢を数え年で数える、ということは明治以来法的には決められていたことはないらしい。戦後になって、満年齢が正規のものであることがはっきりされたのは、次の法令によるのである。

「年齢のとなえ方に関する法律」（昭和二十四年五月二十四日、法律第九十六号）が公布されて、満年齢が一般に使われるようになった。

①この法律施行の日以後、国民は、年齢を数え年によって言い表わす従来のならわしを改めて、年齢計算に関する法律（明治三十五年法律第五十号）の規定により算定した年数（一年に達しないときは月数）によって言い表わすのを常とするように心がけなければならない。

②この法律施行の日以後、国又は地方公共団体の機関が年齢を言い表わす場合においては、当該機関は、前項に規定する年数又は月数によってこれを言い表わさなければならない。但し、特にやむを得ない事由により数え年によって年齢を言い表わす場合においては、特にその旨を明示しなければならない。

そしてこのあとに、

この法律は昭和二十五年一月一日から施行する。政府は、国民一般がこの法律の趣旨を理解し、且つ、これを励行するよう特に積極的に指導を行わなければならない。

という付則がついている。結果からいえば、急速にこの趣旨は受け入れられたようである。

さて年齢の数え方は以上でわかったとして、私たち日本人はやれ厄年であるとか、丙午《ひのえうま》の年の生まれとか、少し年齢について神経質なところがありすぎないだろうか。あと何年、足腰達者でいられるか？　現在未だ完全に原因のほどが不明といわれるアルツハイマー病（ボケの何割かはこの病に発するとか）にならないか？　とか、とにかく年齢が気になる。

梅棹忠夫氏の『モゴール族探検記』（一九五六）には年齢に関するおもしろい話が載っている。氏が京都大学の探検隊の一員としてアフガニスタンにモゴール族の研究に旅したときのことである。そのとき随行したカブール大学の助教授でフランス語も英語も達者なアーマッド・アリという人文地理学者との年齢についての会話が興味深い。少し長いが紹介してみよう。

　現地で百二十歳だと自称する老人を見た。実際は八十歳くらいだろう。何だか年をとったから、勝手に百二十歳と思い込んでいるのだろう。

　わたしが、自分の年も知らんとは、なんちゅうことかと驚くと、アーマッド・アリはそんなことは当り前じゃないか、といった。いなかの無教育な百姓が年を知らぬのは当然だ。日本でもそうじゃないかという。私は驚いて日本では誰でも知っているというと
「そもそも、一たいどうして自分の年を知ることができるのか？」と反問するのだ。わたし

はまごつく。ほんとにどうしてわたしたちは自分の年を知っているのだろう。六歳で学校へ行く。それ以後毎年一を加える。

「ああ、日本は教育が普及しているからだ」と彼は割り切った。いや私はそうは思わない。教育が普及しないまえから、そうだったように思う。すると彼は「あなたがたは、年齢というものに、何か異常な関心をもっているにちがいない」

そうだ、それにちがいない。日本文化は、年齢に異常なる関心をもつような文化なのだ。いったいどういうことなんだろう。たしかに自分の年齢を正確に知っているということは、役所の手続きやら書類に書き込む以外に、どういう効能があるというのだろう。

年齢については、アフガニスタンとは別の国の話もある。だいぶ以前になるが『朝日新聞』の特派員メモで「年齢からの解放」という記事があった。

ケニアの運転免許証をもらいにいった家内が「すてきなの、もらっちゃった」と、ニコニコ顔で帰ってきた。年齢の欄に「オーバー・エイティーン」(十八歳以上)としか書いてないのである。十八歳の倍以上いっているくせに「今夜はディスコにでも」とうきうきしている。あらためて自分のを見直したら自分のもそうなっている。

このような、日本人とは違う発想もなかなか捨て難いと思う。歳の上下にむやみにこだわったり、先輩・後輩を異常に意識したりする、いわゆる「タテ社会」の人間生活の弊害にも通ずることにもなりそうである。いつも十八歳以上ですませたら女性に歳を聞く失礼もないし、ずいぶん気楽であろう。

◈ 年賀状

十二月になると、そろそろ書かなくては、と気になってくる年賀状も元日になると、その束を解くのが楽しみになる。ところでその年賀状には、新春とか頌春《しょうしゅん》という言葉が普通に使われる。頌春はもっぱら年賀の言葉として使われているが、もっとも詳細な辞典として定評のある、諸橋轍次氏の『大漢和辞典』にも大槻文彦氏の『大言海』にも載っていないところを見ると比較的新しい時代に、流行り出した用語であろうか？　（『広辞苑』も「年賀のあいさつとして記す語」と簡単に触れているのみである）。

頌には「ほめたたえる」の意があるから、頌春の用語を使うのが悪いわけではないであろうが、年賀状に書くのもやや意味不鮮明な気がする。なんとなくこの言葉の語感がいまの人に気に入られて多く見られるようになったものであろうか。そこへゆくと、昔から使われている賀正は歴史が古い。『日本書紀』の大化二年（六四六）元日の条に、「賀正の礼おはりて」との言葉が見える。

それはとにかくとして、旧暦なら立春の前後であるから春の字もふさわしいが、まだこれから寒に入るという時期に春の字はなんとしても早すぎると思う。小寒は一月五日ごろで、この日から立春までが寒中である。

太陽暦改暦の明治六年、文部省より天文局への文書に、
一月冬、四月春、七月夏、十月秋とあるのは不都合である、との事ですが、一月冬で、季節相当であるのに一月春に改めるべきというのは了解しがたいので、今一度掛け合う次第。
という趣旨のものがある。これに対して、明治改暦の実務上の責任者であった和算家の内田五観は、
和漢共に十一月は一陽来復の月にて、易には地雷復の卦、一陽下にあり、五陰上にあり……。
などと、あまり科学者らしからぬ訳のわからない理屈をのべ、四時の季節は立春・立夏・立秋・立冬の四立で分ければよい、といい、しかもすでに正院（太政官の内に設けられた総務的なことをする役）の了解を得ている、という殺し文句をつけている。以上の文書からして、この新暦一月という、寒に入る前の季節はずれの「春」は、新暦にたずさわっていた天文局が決めたものであろう。

天文局は「正月春」という言葉に固執して、その言葉は残したものの、「おかしいではないか」と質問され、この春は季節を分ける春とは別物であるなど、歯切れの悪い説明しかできないため、「正院の了解を得ている」などと虎の威を借りたようである。

毎年のことながら立春になると、マスコミは決まったように「今日は立春、春とは名のみの」と陳腐なセリフで、本格的な春はまだ遠いことを言いながら、立春より三十五日も前に取り交わす年賀状だけは、春という字をふんだんに使って、春とはいえど、などという言い訳はいわない

ようである。

旧暦時代は暦月でいえば正月、二月、三月が春と決まっていて、古く『日本書紀』では、その月の初めには必ず春正月、夏四月のように月の名称の前に季節の名を入れてある。立春からが春であった旧暦時代の人が聞いたら寒に入る前に春が来るのには、随分違和感があったことであろう。

年賀状は明治になって、郵便制度が発足すると、比較的早い時期から急速に広まったもののようである。すでに明治十四年の『中外郵便通報』という新聞に、「郵便はがきで年始の祝詞をおくることが年ごとに盛んになってきたので、郵便局員は徹夜で事務を処理せねばならなくなった」との記事がある。

明治二十六年ごろにはかなり普及していたらしく、そのころの『ポスト物語』という戯文に、ポストの独り言がある。

入れるわ入れるわ、こう入れられちゃア、郵便の食傷だ。もう喉のところまで来てゐるから、おくびをすると出るかも知れねえ。それも肉筆はまだ恕《じょ》すべきだが、石版刷《せきばんずり》、活版刷《かっぱんずり》、表《おもて》書《がき》は食客先生の御揮毫《きごう》なざア恐れ入る。さアさア忙しくなって来たぞ。いや入れるわ入れるわ、書生の大将、お静かに願ひます。何だ君のとこの先生は、国会議員だって、さうかえ、なかなか如才ないねえ。

現在でも通用する内容でおもしろい。

ところで、年賀郵便の特別取り扱いは明治三十二年（一八九九）十二月に決められた。最初は特定の大きな郵便局だけであったのが、数年後には現在と同様の扱いになった。明治の昔から現在もなお印刷の賀状は相変わらず多く使われているが、現在はいろいろ凝った趣向も生かせる、パソコンの全盛時代である。

こちらから出さないで、年賀状を頂戴して恐縮することがよくある。参考までに夏目漱石が上田恭輔という人に書いた年賀状の端に書いた言い訳の言葉、

あなたからは去年も年賀状をいただいたのですが、此方はあまり遅くなつてきまりが悪いから上げませんでした。此年は思つてゐた所、又同様の失敗をくり返して恐縮に堪えません。どうぞ失礼をお許し下さい。

◈大小（暦）

年賀状の発祥をさらにたどれば、江戸時代の「大小暦」にそれを見ることができる。旧暦時代は、一年間の月の大小、つまり何月が三十日の大の月で、何月が二十九日の小の月であるか暦を見なければわからなかった。

その配列順序は大変多様であった。江戸時代の初期の元和六年（一六二〇）から太陽暦に変わるまでの暦は「内閣文庫」に保存されている。その二百五十四年間の大小の配列を調べてみると、実に百八十とおりくらいある。大の月は四カ月も続くこともあるし、小の月も三カ月連続するこ

ともある。したがって来年の正月は大か小か、二月は？　三月は？　と現在では考えられないことが、重大な関心事になる。それで翌年の大小の配列順序を、言葉や絵や歌に託して一枚ものの摺ものに作った。この一種の略暦を「大小」といった。いまでは、わかりやすいように「大小暦」と呼ぶ場合が多いが、本来はただ「大小」と呼んだ。

この摺物を、いまの年賀状のように、年始の回礼に携え、年頭の挨拶として知人に配った。「大小」は江戸時代のなかごろから始まり、主として江戸や上方で流行し、明和ごろ（一七六〇年代）から一八〇〇年ごろまでが最盛期であった。

また、和歌や俳句などに大小を読み込むことも行われ、宝井其角の元禄十五年の大小を折り込んだ句、大庭を白くはく霜師走かな　は傑作といわれている。最初の大で以下全部が大の月を表すことを示す。大の月は庭（二）白く（四と六）はく（八、九）霜（十一）師走（十二）となる。

当然のことながら、大小の一定している太陽暦になっては「大小」も過去のものとならざるを得なかった。太陽暦の大小はご存じのように、大小大小大大小大小大でこれは天保八年と同じである。昔は商人は掛売が多く、その勘定を集めるのに、大小を間違え、小の月だと思って二十九日に掛け取りにいったら怒られるし、大の月と思っていて小だったら朔日になっていて、その月の集金のチャンスをのがしてしまうから、大小は今の人が想像で考えるより大変な関心事であった。

落語の「たが屋」という噺《はなし》で、たが屋と武士の喧嘩のやりとりで武士が「この大小が目に入らぬか」「大小が怖かった日にゃあ柱のしたはとおれねえ」というのがあったが、これは柱暦では正月から十二月までの毎月の大小のみが、はっきり大きく出ていて、たが屋のせりふはそれを意味するわけであるが、いまではその意味がわかる人はなくなって、そのせりふも変えられているという話である。

柱暦

◈正月（むつき）

旧暦（正確には太陰太陽暦）の時代には一月と書くことは稀で、普通は正月と書いてむつきと読み、睦月の字を当てることが多い。

むつきを睦月と書かれるについて、正月は親しい人とますます親しみ、むつびあうことからという意味で、この字が当てられる、というのが多数意見ともいうべき説である。

生月（うむつき）であるとか、毛登都（もとつ）月の意味で毛登の省略が牟（む）であるから牟月という、などの意見もある。もちろん「きさらぎ」「やよい」「うづき」「さつき」と、どの月でも読みがはじめにあって、その読みに対して多くの学者が、それぞれの月にふさわしいと考える意味の漢字を当てているのであるから、いろいろな意見があっても不思議ではない。

その由来する理由が、主として江戸時代の多くの学者の著述に述べられていて、その諸説が一

一月 むつき
二月 きさらぎ
三月 やよい
四月 うづき
五月 さつき
六月 みなづき
七月 ふづき
八月 はづき
九月 ながつき
十月 かみなづき
十一月 しもつき
十二月 しわす

般に紹介されている。平安時代後期の歌人である藤原清輔著の歌学書である『奥義抄』、江戸時代中期の国学者賀茂真淵著の『語意考』、江戸時代後期の国学者谷川士清《ことすが》著の大部の国語辞典『倭訓栞』、江戸時代中期の儒学者新井白石著の国語語源辞典『東雅』などの説がもっとも引用されているようである。

それらの諸本にしたところで、各自が適当に自分の考えで意味づけをしているわけであるから、他の月の名称同様に睦月という字が唯一正しいということではない。

◈二十四節気と七十二候

二十四節気のそれぞれは約十五日である。その一気を第一候から第三候まで、五日ずつの三つに分けると、二十四の三倍で七十二になる。

第一候は二十四節気のその日に始まる。たとえば立春はその日が「東風《とうふう》解凍《こおりをとく》」の候となる。中国からの暦の伝来とともに、わが国にも伝えられたものであるが、江戸時代に日本で最初の固有の暦を考案した渋川春海が中国渡りの七十二候をわが国の風土にあわせて大修正を施した。その後、宝暦改暦に際しても多数修正されたものが、太陽暦になって明治十六年までの略本暦（一般に売られた唯一の政府公認の暦）に掲載されていた。

七十二候のことは、宝暦ころの暦学の第一人者であった西村遠里《とおさと》（一七二六?〜一七八七）の著『天文俗談』にくわしい。昔の人の考えを知る参考に、以後各月ごとにその解説文を引用して

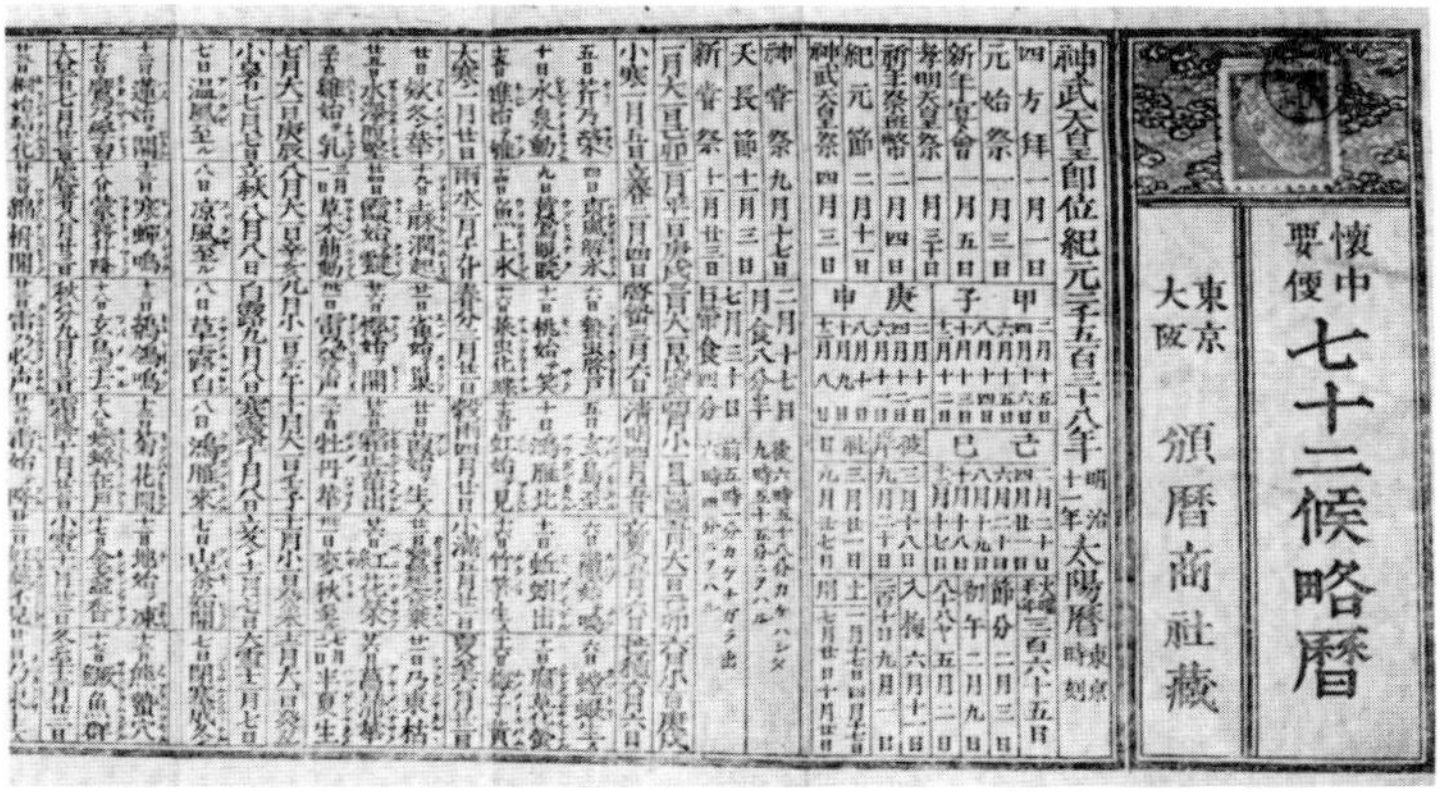

頒暦商社版懐中暦（折暦）

みよう。もちろん中国渡りのものではなく、日本で改訂された七十二候である。

江戸時代、七十二候は懐中暦や具注暦にはあったが、仮名暦にはなくて一般の人はよく知らないからとして、解説しているわけである。

天地の気候の人目にみゆる処、五日々々に景色変り行くとして、五日を一候とし三百六十日にみちて一年と成。これを七十二候といふ。

立春といふは正月の節にてその日より凡《およそ》十五日ばかり、これを一気といふ。一気のうちに三候ありて立春乃日すぐに「東風解凍」乃一候なり。冬の内に寒気甚だしく凍りしを、春の気に成て東風に凍が解初むるといふなり。東方は木に属して四時に配しては春にあたる故、陽気を受けて氷がとけそむるなり。その次、第二の候「黄鶯睍睆《こうおうけんかんす》」とはうぐひすこのころより、なく声あきらかに、きよく和するとなり。第三の候「魚上氷《うおこおりにのぼる》」とは、極寒の時は魚水の下に伏し蔵《かく》る。此ころ陽気の温暖《うんだん》を得て水の上に遊ぶなり。

四季	節気名	月	太陽黄経	太陽暦の日付
春	立春	正月節	三一五度	二月　四日頃
	雨水	正月中	三三〇度	二月　十九日頃
	啓蟄	二月節	三四五度	三月　六日頃
	春分	二月中	〇度	三月二十一日頃
	清明	三月節	一五度	四月　五日頃
	穀雨	三月中	三〇度	四月　二十日頃
夏	立夏	四月節	四五度	五月　六日頃
	小満	四月中	六〇度	五月二十一日頃
	芒種	五月節	七五度	六月　六日頃
	夏至	五月中	九〇度	六月二十一日頃
	小暑	六月節	一〇五度	七月　七日頃
	大暑	六月中	一二〇度	七月二十三日頃
秋	立秋	七月節	一三五度	八月　八日頃
	処暑	七月中	一五〇度	八月二十三日頃
	白露	八月節	一六五度	九月　八日頃
	秋分	八月中	一八〇度	九月二十三日頃
	寒露	九月節	一九五度	十月　八日頃
	霜降	九月中	二一〇度	十月二十三日頃
冬	立冬	十月節	二二五度	十一月　七日頃
	小雪	十月中	二四〇度	十一月二十二日頃
	大雪	十一月節	二五五度	十二月　七日頃
	冬至	十一月中	二七〇度	十二月二十二日頃
	小寒	十二月節	二八五度	一月　五日頃
	大寒	十二月中	三〇〇度	一月　二十日頃

二十四節気表

雨水は正月の中気、寒じ凍《こお》るの雪霰《あられ》とけて雨の水となる意なり。此日すぐに第一候「土《と》脉潤起《みゃくうるおいおこる》」なり。極寒に凍りたる土気陽気に潤ひ、土脉の和気《かき》通じ起るなり。第二候「霞始靆《かすみはじめてたなびく》」とは、陽気の色あらはれて、此ころより霞色そらに見ゆるといふなり。第三候「草木萌動《そうもくきざしうごく》」とは、此ころになりては天地の気、泰《ゆたか》にして交り陽気にめぐまれて、惣じての草木も芽立て萌動くなり。

立春の第一候は和歌にすると、『古今和歌集』の

袖ひじて　むすびし水のこほれるを
　春立つけふの風やとくらん

ということになる。

◆太陽暦の普及と旧正月

旧正月は、日本でも戦前はまだかなり各地

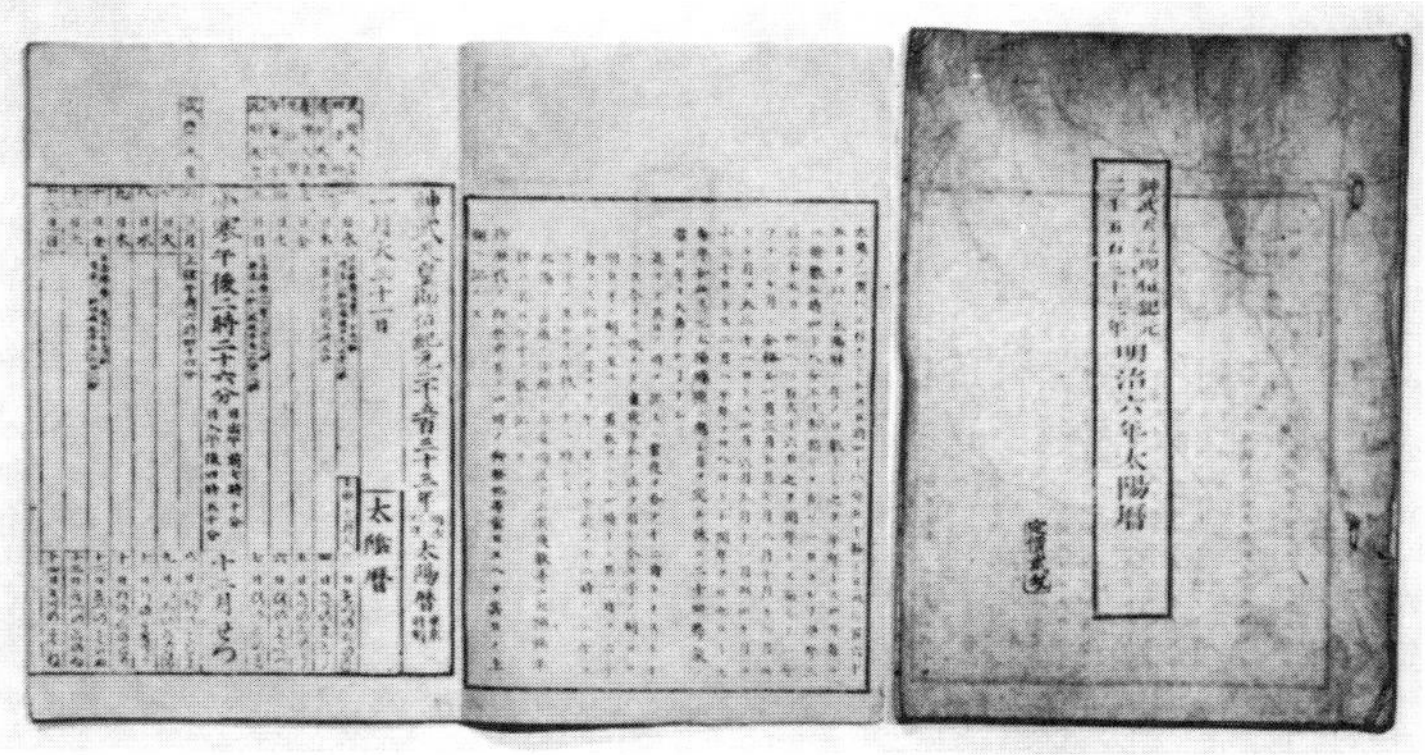
明治６年最初の太陽暦

で行事などもあったようであるが、最近は旧正月を祝う地方はずいぶん減っているように思われる。

しかし、中国や東南アジアなどでは、旧正月は盛んに行われている。公元（西暦）一本にして元号を廃止している中国ではあっても、旧正月は春節といっていまも盛大に祝われている。

わが国では明治六年（一八七三）に太陽暦が施行されてから、東京や京都などでは比較的すぐに新正月がうけいれられたけれども、地方ではなかなか普及しなかった。

明治二十二年、その前年創立された東京天文台の初代の台長寺尾寿《ひさし》が各地の役場から、その普及状態についてのアンケートをとった、その回答のつづりが天文台に残っている。

「已《すで》ニ全ク旧暦ヲ廃シ、単ニ新暦一月ヲ以テ年始ノ手数ヲ行フ部落」という設問にたいしては、ほとんどの県が全くなし、としている。しかしやはり東京、京都などではかなり多くの所が新暦のみを使っている、と回答している。また、

旧暦ヲ用ルノ習慣ヲ継続シ、若クハ一度之ヲ棄テ、、更ニ復旧シタルモノ、新暦ヲ好マザル原由（例令《たとえ》バ年始ニ際シ、

麦畠ノ手入ニ間暇ナキ為カ、或ハ単ニ習慣ニ因リテカ）。

これに対する回答では、

明治六年新暦ノ頒布アリシトキハ天朝ノ規則ト唱、年始ノ例ヲ行ヒシモ、近年新暦ヲ行モノ至テ稀ニシテ戸長役場ト小学校ノミナリ。

という新潟県の回答が、その典型的な例であり、新年の祝いについては、太陽暦の普及は特に遅れていたようである。

その理由としては、設問にある「単なる習慣と麦畑」に類する回答が多く、あとは商取引上、または使用人の俸給などを、ずっと前のままにしているから、というようなものであった。いつかは変えねば仕方ないことを、なんとなくずるずる延ばしている、という感じである。もちろんその元は明治政府があまりにも性急に、かつ強引に改暦を強行したことにあったといえよう。

◈金色夜叉（こんじきやしゃ）

「宮さん、こうして二人が一処に居るのも今夜限だ。お前が僕の介抱をしてくれるのも今夜限、僕がお前に物を言ふのも今夜限だよ。一月の十七日、宮さん、善く覚えてお置き。来年の今月今夜は貫一は何処で此月を見るのだか！　再来年の今月今夜……　十年後の今月今夜……一生を通じて僕は忘れん、忘れるものか、死んでも僕は忘れんよ！　いいか、宮さん、一月の十七日だ。来年の今月今夜になったならば、僕の涙で必ず月は曇らして見せるから、月が……月が……月が……曇ったらば、宮さん、貫一は何処かで、お前を恨んで今夜のやうに泣いて居ると思ってくれ」

ご存じ尾崎紅葉の『金色夜叉』のさわりのところである。当然のことながら、ずいぶん時代がかったセリフである。

現在ではこの原作を読んでいる方は稀であるが、この小説が一八九七年（明治三十）から、『読売新聞』に連載された当時は、大変な人気を呼んだものである。私はここで、べつにこの小説についてとやかくいうわけではない。ただ一八七三年の太陽暦改暦から二十年以上も経っているというのに、この著者は旧暦でしか通用しない言葉を使っているのはどういうことであろうかと思い、取り上げてみたのである。

著者の方は自分の思いつきの科白《せりふ》に執着して使ったとしても、読む側の方も、なんの抵抗もなく読みすごしたのであろうか？　というのは、同じ日付にはほとんど同じ形の月が、ほぼ同じ時刻に空に見える、ということは旧暦の特長であり、この「せりふ」は太陽暦では何のことか、わからないからである。

十五日に月がなく、かえって三十日に月が出ることもある、ということで、改暦当時の『日日新聞』に「三十日に月も出づれば、玉子の四角もあるべし」と書かれたくらいである。

朔日には月はなく、三日くらいから細い月が夕方西の空に現われ、八日くらいには上弦の月が夕方に南の空に、そして十五日ごろは丸い月が日没前後の時刻に東の空に上がってくる。

そして月の出時刻は次第に遅くなって、やがてまた月の出ない晦《つごもり》になる。このように日付とともに、月が満ち欠けするという陰暦の常識は、まだまだ明治のなかばでは、たとえ日常には旧暦を使っていなくても、頭にはしっかりとその特長は入っていたのであろう。

そのように、旧暦は月の満ち欠けによって作られているから、一月十七日といえば、毎年決まってほぼ同じ形の月（十七夜、つまり立待の月）が、似たような時刻に東の空から上がってくる。数字で示すと、同じ一月十七日でも新暦と旧暦では、次のようになる。

一月十七日の月のようすの例

新暦では、

年	月齢	月の出時刻
二〇〇一	二十二・四	夜半〇時六分
二〇〇二	三・六	九時十四分
二〇〇三	十四・三	十五時三十一分
二〇〇四	二十四・七	一時四十一分

と、当然ながら月齢（一年ごとに同じ日付に対し約十一日ずれる）も、月の出時刻もばらばらである。

右と同じ年の旧暦の一月十七日はそれぞれ、

新暦の日付	月齢	月の出時刻

二〇〇一　一月　　九日　　十五・六　十八時二十五分
二〇〇二　二月二十八日　十五・八　十八時三十八分
二〇〇三　二月　十七日　十五・七　十七時三十九分
二〇〇四　二月　　七日　十六・二　十八時　四分

という具合に、違うのは新暦に換算した日付だけで、ほぼ同じ時刻に同じ形の月が東の空から上がってくる。

新暦は太陽によって、旧暦は月の朔望に基づいて暦を組み立てているのだから、当然のことで、太陽暦の翌年では、同じ日付には曇らせようにも、空に月がないのである。

尾崎紅葉はこのように『金色夜叉』の核心部分で旧暦を用いて書いているが、旧正月のような、行事を伴うこと以外で、一般的に旧暦が行われていたということは東京・京都あたりではもちろん、地方でもあまりなかったはずである。

役所や学校などがすべて新暦であれば、どんなに旧弊でも新暦に従わなければ、日常生活が不便で仕方ない。その不便さは元号、西暦の二本立ての比ではなかろう。

『金色夜叉』とほとんど同じ時代に書かれた樋口一葉の『十三夜』では、「今宵は旧暦の十三夜、旧弊なれどもお月見の真似事に団子をこしらへて……」とお月見のような、現在にも続く行事にでさえ、わざわざ旧弊なれど、とことわっているし、別のところでも「一年三百六十五日物いふ事も無く……」とある。一年が三百六十五日というのは太陽暦の一年で、旧暦では平年が三百五十三日から三百五十五日、閏月が入れば三百八十三日から三百八十五日になるから、旧暦時代には一年三百六十五日という一太陽年の日数を使う表現はなかったのではないだろうか？　尾崎紅葉という人は旧暦の信奉者であったのかもしれない。

月の話のついでに月あかりについて一言。冬至に近い冬の満月は沖天高く、寒空にこうこうと輝く。満月は地球を挟んで太陽と反対の位置にあるから、冬の満月は、真夏の太陽の位置に近く、しかも月の軌道は五度ほど、黄道と傾きを持っているから、夏至の太陽よりさらに高い所にあることになる。反対に冬の三日月は比較的地平に低く見にくいものである。

◈元日の日食

日食は太陽が月に隠される現象である。地球からみて月、太陽が一直線上になるときにおきる。朔もまた月と太陽が同じ方向になるときであるが、それが普通は東西方向に一致するだけで、朔のとき太陽と月が南北方向にも一致すれば日食になる。したがって旧暦時代には日食は必ず朔日に起きたから、元日に日食になる確率はいまよりはるかに高い。

江戸時代でも元日の日食が何回か暦に予報されたが、実際に大きく欠ける日食が元日に観測されたのは天明六年の元日（一七八六年一月三十日）である。

この年の頒暦には、「日そく皆既、むまの一刻、西の方よりかけはしめ、むまの六刻甚しく、ひつしの二刻東の方におはる」と記載してあった。このころは日食・月食は暦などでは必ず日そく、月そくと書き、午はむまと書いたものである。

大田南畝《なんぽ》（蜀山人）が質問し、瀬名貞雄という人が答えるという形の『瀬田《らいでん》問答』という本に、

来午年（天明六年のこと）元日日蝕なりと承候。公にて御礼（ここでは儀式の意）御座候哉
いかが

答　来午年正月元日日蝕皆既、午の一刻西の方よりかけ初め、午六刻甚しく、未の一刻南の方に終る。斯の如くに候へば、御礼明け七つ時より初り、蝕以前退散の事と存じ候。

正月元日日蝕の例

元禄　五壬申年　未申の時　食七分半
同　十四辛巳年　卯辰の時　食八分半
享保　四己亥年　酉の時　食二分
明和　四丁亥年　未の八刻より申の刻迄

斯の如くに候。右の内、元禄十四年の蝕、御礼刻限に候。其節も食終りて辰の中刻より御表へ出御、右の外は皆御礼の刻限の外なり。右の趣を以相考へ候へば、食の内は迚も出御は之無く、来春も食以前御礼相済候積もり、未明より御礼始まり候と存ぜられ候。

と江戸城の様子を予想しており、また、禁中の故実に精通していた勢多章甫《せたのりみ》の『思ひの儘の記』には、

日蝕のある時刻には、掃部寮《かもんりょう》の官人、莚《むしろ》を調進す。六位蔵人《くらんど》受取り、清涼殿、常御殿等に

莚を掛く。御殿を覆ひ裹《つつ》む意なり。是、古の礼にて其形の遺りし也。大宝令に、日蝕ある日には、百官釐《りん》を停む（事務をとらないこと）といへり。

とある。

また史料に多く見られる日食記録、たとえば『日本紀略』の寛平九年（八九七）九月一日の条には「日蝕、諸司廃務」とあり、昔の記録にこの「日蝕廃務」はよく見られる。

そのころは宣明暦法またはそれ以前の暦法を用いていた時代であるから、予報精度が悪く、実際には日本では見られない日食も暦に記載されることが多くあったので、いまでいう公務員は余分の休みがあったのかもしれない。

日食は忌むべき日として、前記のように莚で御殿をつつみ暗くして祈祷が行われることがあったし、特に日食が元日に当ると暦を操作して前年十二月が大の月なら、これを小として日食が二日になるようにしたこともあった（たとえば天平宝字六年〈七六二〉）。

さて天明六年の元日日食は金環食で皆既にはならなかったはずであるが、ちょうど午の刻すなわちお昼前後であったから、ずいぶん注目されたものと思われる。

元日四つ時より日蝕、闇の如し。諸侯は大半登城なし給ひしが、退出なりがたく、下馬の供待の士、蝕にあたりて気絶せし人、二、三人ありしとぞ。

という話を、その時代の岩瀬（山東）京山が『蜘蛛の糸巻』という随筆に残しており、またこの年は丙午に当り、元日の干支も丙午で、しかも時刻も午ということで、特に気にした人も多かったようである。

別の随筆にも、

今年は支干丙午にして、元日も亦《また》丙午にあたり、殊に皆既の日蝕なれば、又如何なる年、いかなる珍事や出来ぬらんと、去年より是を恐れ合、諸人案じ居たりしに、既に元日といふに至り暦と事替り八分ばかりの蝕なりければ、世の人是を見侍りて、実に目出度事なるべし、させることも侍るまじ……。

とある。この蝕の中心帯は本州の真ん中を通っていたので、「江戸では闇の如し」は、いささか大げさというべきであろう。しかし皆既に近い日食になると気温は下がり、薄暗くなってふだんの夕景とは全然別種の、一種異様な雰囲気になる。それは筆者も天文台在勤中、八丈島で金環食を経験しているので確かに言えることで、昔の人が恐れる気持はよく理解できる。

◈丙午（ひのえうま）

ところで、ここで丙午の年がでてきたついでに、このもっとも弊害の多い迷信について一言しよう。この迷信はもとはといえば、他の暦や干支にまつわる迷信などと同様に、中国からの伝来の「丙午・丁未《ひのとのひつじ》の歳は災害が多い」などから日本的な尾ひれがついたものであると思われる。

この迷信がいつのころから流行《はや》りだしたかは、はっきりしていないが、江戸時代の文献にはかなり出てくる。それ以前の古い文献については見当らず、私は寡聞にして知らない。国学者、北

山久備《ひさもと》は『丙午の女』（文化十二年ごろの書）と題して、

夫に害をなす。……この説和漢の書に拠なし。凡人の寿夭《よう》は命なり。妻が性によりて夫みだりに死なんや。笑ふべきの甚だしきもの也。

と書いているし、弘化二年（一八四五）には池田義信という人が『丙午明弁』という単行本を出して、この迷信の弊害の大きいことを憂えて、この迷信の根拠のなさを説いている。

世俗丙午の年に産るる小児は生長してのち、男子は運勢悪く、女子は嫁いりして、夫に害をなすと世上の諺に伝聞して、あまねく是を流布す。其真を弁へず、かたくなで愚かなるものは一すじに忌み嫌ひ恐るること、いかなる謂《いわれ》有ることと云ふを知らず。

と言っており、この迷信につけこんで祈祷、まじないなどで金品を得ようとする悪者が多いから、と注意を促している。以上の文献からも、この迷信の底の浅さが窺われる。

また考証学者である栗原信充《のぶみつ》の『柳庵雑筆』（弘化二年）には神武天皇より天明七年まで丙午の歳は四十一度あるが、特にこれが悪い年だという、特筆に価するような事件事故はないと、文献・資料に基づいて論じている。

神武以来六度の丙午は日本書紀に何の記事もなく、孝霊天皇三十六年丙午は皇太子を立てた歳、次はまた書紀に記事なく、次は日葉酢姫を皇后にされたためでたい歳……。

と、毎回の丙午を追って調べている。この論証の仕方は昔の人としたらおもしろいと思う。そもそも干支を考えた中国でも歳に干支をつけ始めたのは一、二世紀ごろであるから、神武のころには、丙午の年などというわけがない。さらに日本の歴史が確実になるのは、そのあと何百年か待たねばならないから、少なくとも右の論証の初めの部分は無用である。

だいたい「丙午の年」とひと口にいうが、六十年に一回である。仮に昔の人が何かを調べようとしたとしても、何回の「丙午の年」を調べられるであろうか？

江戸期より以前、世は乱れ、貧苦に多くの民が苦しんで、たいせつな資料さえろくに残されなかった時代、記録をとって保存するなどは、寺院や宮廷関係の人びとなど、ごく一部の人間しかしていなかった。そしてもちろん、それらの記録に丙午の年の女性がどうしたなどという記載はひとつもない。誰が丙午生まれの女性の統計などとり得たろうか？　そんな発想があるはずがない。

室町時代、そのあとの戦国時代、丙午の年は応永三十三年（一四二六）、文明十八年（一四八六）、天文十五年（一五四六）、慶長十一年（一六〇六）、寛文六年（一六六六）、享保十一年（一七二六）、天明六年（一七八六）と七回ほどある。この後ではすでにこの迷信が存在していたことは確かである。

それでは一体、どの丙午の年の女が夫を殺したというのだろうか。それも一人や二人ではどの干支の年だってあったかも知れないから、たくさんの例がなければおかしい。そんな記録があるわけがないことは常識のある人なら、わかることであろう。もっとも常識のある人なら初めからこんな迷信を信じないし、信ずるような人は論理的な考えのできない人であるから、何をいっても無駄かもしれない。

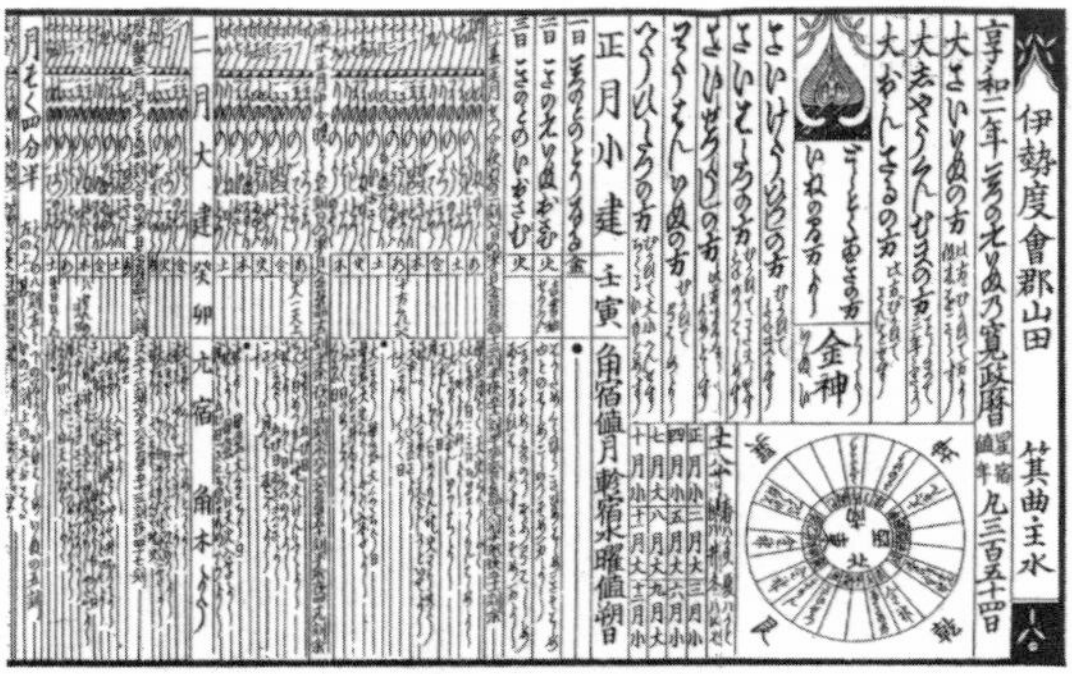

享和２年の仮名暦（国立天文台蔵）

しかし現実には相変わらずこの迷信のために苦しんでいる人が存在しており、何人もの女性に気の毒な思いをさせているのであるから、愚かな困った現実というべきであろう。一番困るのは、自分は信じていないが、年寄りがうるさいからとか、みんながいうことに従っている方が無難だからという、責任を他に転嫁する卑劣な保守性であろう。昭和四十一年の丙午の年には出生数がその前年より約四十六万人、翌年より五十八万人も少なかったという。このような迷信に「自分一人反対しても仕方ない」で順応してゆく傾向が強く、迷信は順々に孫子の代まで伝承される。そしてこのような考え方が、結局は多くの差別問題が解決されないことにも結びついている。

べつにそれほど大切なことではないが、本来干支は旧暦の年に付随しているものである。したがってこのときの干支の年は、昭和四十一年の一月二十二日から昭和四十二年の二月八日までであるべきで太陽暦で昭和四十一年の元日から大晦日までとするのはおかしいと思われる。右の統計の数字もその点ではおかしいと思う。また旧暦そのものも、すでに過去の遺物で、わざわざ暦を求めて調べるほどのものではない。旧暦は歴史の中にのみ意味があり、わが国の場合、明治五年十二月二日でその使命は終っている。

◈正月の暦注

旧暦時代の一般に使用されていた仮名暦には、正月の初めには「何々はじめ」という記事が並ぶ。宣明暦の時代（八六二～一六八四）にはまだ書き方もまちまちであったが、次の貞享暦になって少し手が加えられ、元禄十年（一六九七）からは一定して、明治五年の最後の旧暦まで続いている。

元日は吉書はじめ、はがため、くらびらき、ひめはじめ、きそはじめ、ゆどのはじめ、こしのりそめ、よろずよし。

二日、馬のりそめ、ふねのりそめ、弓はじめ、あきないはじめ、すきぞめ、よろずよし。

と並んでいた元日が特に凶日とされる黒日などに当っていると、翌日に順送りになった。このような、いわばお上の指示？　をどの程度庶民が実践したのか、よくわからない。だいいち、きそはじめ、ひめはじめなどは暦注解説書の解釈も一定していない。

正月の暦注のなかで文献にもっともよく見られるのは「歯固め」であろう。『土佐日記』（平安時代、九三五年ころ成立）でも紀貫之が、元日にもかかわらず船の上では「いももあらめも、はがためもなし」と書いているとおり、古くから大切な行事であったことがわかる。『世諺《せげん》問答』という話には「人は歯をもつて命とするがゆゑに、歯といふ文字をばよはひともよむなり、歯がためはよはひを固むる心なり。もちひは近江国の火切のもちひを用ひ侍るべきことなり」とあり、『塩尻』（江戸時代の有名な随筆）には、

土佐日記歯固は餅のことにてはなし、大根のことなり。それ故船の中なれば、年の始に歯固

もなしとあり、海藻の類はあれども大根はなきと云ことなり。

としている。

『源氏物語』には「歯固の祝ひして、もちひ（餅）鏡をさへとりよせて、千歳のかげにしるき、年のうちの祝ひごとどもして……」と正月風景が描かれているし、『枕草子』にも「よはひのぶるはがための……」とあり、貴族階級はそれぞれ私宅において歯固めの行事を行っていたが、長寿を祝うために天皇が大根・瓜・押鮎などを食するのが歯固めの内裏の行事であった。

川柳二つ

歯固もかむべき老のはじめ哉　　生計

歯固も祝ふや芋もあらめでた　　退歩

歯固め、ほか上記の正月の暦注は、それでも行事に属することともいえるので迷信として取り上げるほどのものではない。これらとは別に、最後の旧暦である明治五年暦には発行者として「大学星学局」の名があり、文部省天文局の印が押してある。それが上記の日々の吉凶のほかに、一年の吉凶を示す欄に、「大さいさるの方、この方にむかひて万よし、但し木を切らず」だとか、「へうひいぬの方、むかひて大小べんせず、ちくるいもとめず」などと書いてあるのだから、文明開化もなかなか暦にまではおよばなかったようである。もっとも現代人でも、さきほどの丙午や大安・仏滅などを信じている人たちの文明開化もいまだに江戸時代と変わっていない。

◈正月の行事

年中行事は暦の範囲ではない。別に民族学や年中行事専門の書物があり、本書が深く立ち入る問題ではないが、それらのいくつかについてごく簡単に触れることにする。

正月行事といえば、まず四方拝、朝賀、元日節会などがあるが、それらの宮廷行事はここでは触れないことにする。

それらの宮廷行事とは別に平安時代ごろの正月の歳時として、貴族階級にさかんに行われたのは「子日《ねのび》」であろう。正月の第一の子の日を初子《はつね》、第二の子を弟子《おとね》と呼ぶが、原則的には初子の日に野外に遊び、小松を引き若菜を摘むという遊びである。

庶民にとっては二日の商《あきない》始めがある。これは暦注として暦にもある。『浪花の風』には、

正月二日は初荷とて、元日夜半過ぎより商物を車にて引出し、市中大に賑はし、江戸と替はることなし、其荷物に付添もの、大声にて売た売たと呼び歩きゆくことなり。

とある。初荷の旗を立てて、威勢よく商売始めをした風景は第二次大戦の前には、日本中どこでも見られたものである。

七日の宮廷行事である「白馬の節会」は白馬と書いて「あおうまのせちゑ」と読む。これは天皇が紫宸殿に出て、馬寮の官人たちの引く馬を見る儀式で、この日、白馬を見れば年中の邪気を避けられる、という意味で中国渡来の行事である。人びとがこれを見物に行く様子は『枕草子』にも描写されている。中国では青馬であるが、日本では平安中期から白馬と書くようになったが、

七草『徳川盛世録』（国立国会図書館蔵）

図右下は七草の前夜または早暁の場面で、鳥追い歌の囃声に合わせて青菜をトントン叩いているところ。左上ではそれを七草粥にして家族で祝っている。伝統をふまえた年中行事と厳正さのうちにも、春を目前にした楽しさがうかがえる。

読みはそのままに使われた。『土佐日記』正月七日の条に、

七日になりぬ。同じ港にあり。今日は、白馬を思へどかひなし。ただ、波の白きのみぞ見ゆる。

と、何についても都を思い出している。

七日はまた人日《じんじつ》といい五節句のひとつであるが、一般的には粥を食べる日として知られている。この日炊く粥は七種粥《ななくさがゆ》である。六日の夜、七種の草をたたきながら「七くさ、なずな、たうどのとりと、にほんのとりと、わたらぬさきに」とはやし言葉を歌った、その七草とは、せり、なずな、ごぎょう（ははこぐさ）、はこべら、仏の座、すずな（かぶ）、すずしろ（大根）である。これらを入れた粥を食すれば邪気を避くという。

六日を六日年越、七日を七日節句あるいは七日正月ともいった。

左義長、とんど　『年中行事大成』(国立公文書館蔵)

◈小正月と二十日正月

寛政年代に刊行された『年中故事』(玉田永教著)に、

十四日年越、今日までを注連の内といふ松の内とも云。今日は元日より立し松・竹・注連を取払ひ、明朝の小豆がゆをたき、又国により団子を制し木の枝に貫き神棚に供る。

とあり、『守貞謾稿』(喜田川守貞著、一八三七〜一八五三稿)には、

正月十五日、十六日、俗に小正月といふ三都ともに今朝赤小豆粥を食す。京阪は此粥にいささか塩を加ふ。江戸は平日粥を食さず、故に粥を好まざる者多く、今朝の粥に専ら白砂糖をかけて食す也。塩を加へず。又今日の粥を余し蓄へて、正月十八日に食す。俗に十八日粥といふ。

とあり、十五日には粥を食べることが一般的な習慣であったようである。現在もまだこれらの習慣が残っているところも多いかも知れないが、それらは

民俗学のほうの問題で、私は詳しく語れない。十五日の小正月にたいし正月一日を大正月ともいう。本来は満月である十五日が正月で、元日のほうは暦が使われるようになってからではないか、としている説がある。

十五日はまた左義長《さぎちょう》または「どんと」（とんど、どんど）などといい、正月の注連《しめ》飾りや吉書などを焼く風習は各地でいまに伝えられている。

『和漢三才図会《ずえ》』に中国の話として「正月二十日を天穿《せん》といい、赤糸に団子を繋ぎ、これを屋上に投げあげる」とあり、京師《けいし》では一般に正月二十日、どの家でも赤小豆の団子を食べるが、あるいはこれは小豆の赤色を赤い糸になぞらえたものであろうか、といっている。『東都歳時記』に、

貴賤廿日正月とて雑煮餅を食し祝う、家毎に祝すにもあらず。

とあるから、それほどさかんに行われたものでもなさそうである。江戸ではこの日「恵比寿講」が行われた。

◈立春

立春の声を聞くと、まだ寒さは一番厳しいときであるのに、なにか楽しいときめきがあるのはいまも昔も同様で、

み雪ふる　冬は今日のみ　うぐひすの

鳴かむ春べは　明日にしあるらし
あらたまの　年行き還り　春立たば
まづわが宿に　うぐひすは鳴け

『万葉集』のこれらの歌は天平宝字元年十二月十八日に詠まれたもので、いまの暦では西暦七五八年二月四日となる。この日が立春の前日に当ることは『日本暦日原典』で確かめられる。

立春・立夏あるいは春分・夏至などを含む二十四節気が暦法確立のために、成立したのは五、六世紀のころといわれ、二十四節気の各々の名称も、そのころの中国の華北地方の気候を基準にしたものであって、そのままわが国に当てはまるものではない。

二十四節気のうち正月に割り当てられているのが立春と雨水である。華北地方の平均気温を『理科年表』で調べると、日本より春の訪れが早いことがわかる。中国のそのころの人たちは、立春のころ現在の私たちより、はっきりと春のきざしを感じたのかもしれない。太陽暦の二月初めにくる立春は、わが国では確かにまだ寒い時期ではあるが、しかしもうこれ以上は寒くはならない、という日安と考えればよいのであろう。

西欧では春は春分からとされており、なにかといえば春分が重視され、立春の概念などは生活に密着しているとは思われない。春は立春からという観念が強いわが国では、初めにも述べたように、歌集なども立春から始まるものが多く、季節感と春分とは結びついていないし、春分が歌題になることはない。

日本で使われてきた旧暦は中国伝来のものである。この暦法は立春正月の暦で、毎年の立春の日の平均をとれば立春が元日になるようにできている。ただし、この暦法は月の満ち欠けの周期を基に暦を組み立てているから、毎年三十日の幅のなかで立春の日付は移動する。つまり立春は十二月十五日から正月十五日の間に入り、いまの暦では二月四日ごろと決まっている立春も、旧暦では、ある年の立春が上記三十日の範囲のいく日になるか、暦を見なければわからない。

◆年内立春

立春が十二月のうちにあると、これを年内立春あるいは歳内立春という。さきの万葉の二首も年内立春の年のものである。年内立春というと『古今和歌集』冒頭の、

年の内に　春はきにけり　ひととせを
　こぞとやいはん　ことしとやいはん

の歌が有名である。この歌は年内立春が珍しいかのような感じを与え、旧暦を知らない現代人の誤解を招いているが、年内立春は少しも珍しいことではない。たとえば『古今和歌集』の成立した前後の延喜年間（九〇一～九二二）をとって調べてみても、延喜二、五、七、八、十、十一、十三、十六、十八、十九、二十一とちょうど半分の年は年内立春である。

これについて、暦についてすぐれた論文を多く発表された桃裕行氏は、年の内に立つ春は珍しくないが、そのときになると、事新たに「一年を去年とや言はむ今年とや言はむ」と、とまどい

させられる、というほどの意味になるのではなかろうか、と解釈されている。

歌の世界では大変よく登場する立春も、行事としては若水を供《く》ずることくらいで少ない。しかし時の区切りとはされている。暮の宮中の行事たる荷前《のさき》使（陵墓への御使）の発遣などは、立春以前に終えなくてはならないことになっていたし、立春の前日の節分には節分方違えが行われたことは『枕草子』などにみられるところである。

日の吉凶を示す暦注などは、すべて節切りといって、たとえば「正月の九坎《かん》は辰の日」というときの正月は、正月節（立春）の日から二月節（啓蟄《けいちつ》）の前日までを指し、暦月の正月を指すのではない。暦月に対しこのような数え方を節月という。その方法でいくと年の変わり目も立春となって、陰陽道では立春に年をとるとしているという。つまりは二種類の年の区切りが毎年相前後して、しかも順序不同にやってくるので、まことにやっかいである。

◈元日立春

めずらしき年にもあるかな　一とせに
　二たび春の　光見つれば

『隣女和歌集』のこの歌は、年内立春と併せて、一年に二度立春を迎えた年のことと推察されるが、これもまた珍しいこととはいえない。

陰暦の閏年は十九年に七度もある。閏年では一年の日数が三百八十五日もある。立春から次の立春までの日数が一太陽年で三百六十五日である。陰暦の閏年はこれより二十日も多い。そのため閏年には正月と十二月の二度立春が来ることになる。したがって、この歌の珍しいの意味は少々不明である。一年に二度立春があれば、当然同じ数だけ立春の含まれない暦年もある。

玉田永教著『年中故事』（寛政十二年）に、

一年中に立春なきを空穂《うつぼ》年と云。空穂と云は矢を入れる物也、中空なればなづく、禁裏に空穂柱といふあり、中を空にして雨垂れを受ける。

という話がある。

ところで陰暦の日付は、季節を正確に表わさないので、その不都合を二十四節気で補っていたのである。立春から次の立春までの期間も、冬至から次の冬至までも、太陽暦の一年と同じ三百六十五日余であり、その間を二十四等分した、二十四節気が季節の指標であることは、昔もいまも同じである。

ところで平均的にいえば旧暦は立春元日の暦である、といったが、ちょうど元日立春になる年は、珍しいのである、といってもおかしくはない。『師兼卿千首』の、

あらたまの年たちかへる　けふしもや

おなじ道にと春のきぬらん

はその元日立春の歌で、こちらの方は平均して三十年に一度であるから、平均寿命の短かった昔の人では一生に二、三度くらいしか会うことはなかったであろう。

江戸時代に見ると、元日立春は一六〇六（慶長十一年）、一六一七（元和三年）、一六三六（寛永十三年）、一六五五（明暦元年）、一六七四（延宝二年）……のように、ほぼ二十年に一度の割で十三回もあるが、もっと昔までさかのぼって平均すれば、りくつどおり、三十年に一度くらいになる。

『梅翁随筆』（著者不明）に、

寛政十一年己未年正月朔日立春なり。旧冬晦日節分にて、元日の立春はめでたき世のためしなりと、世に申し伝ふるところなり。左もあらんことぞかし。

とある。立春元日はやはり、常にもましてめでたい感じがしたように思われる。

◈節分

本来は立春・立夏・立秋・立冬の前日をいったものであるが、後世はもっぱら立春の前のみをいうようになった。そのことは江戸の狂歌師であり、優れた国学者でもあった石川雅望《まさもち》が『ねざめのすさび』の中で触れている。

いまの暦には、冬のをはりをのみせちぶんとしるせり。いにしへは四季ごとの終にいひたるとしらる。源氏物語やどりぎの巻に、四月ついたち頃、せちぶんとかいふこと、又東屋巻に、ながき月はあすとぞ、せちぶんときさしかどいひなぐさむ。又伊勢家集にせちぶんのつとめて四月朔日宮にて「いつくまて春はいぬらん暮はててわかれしほとはよるになりにき」とあるもてしるべきなり。

節分の民間行事などのことは多くの本にあると思われるので、ここでは省略しよう。最近は有名人を集めて「鬼は外」を行う神社も多く、また一般の家庭でも少しは見られるが、もとはといえば、昔大晦日に行っていた追儺の余風といえよう。

旧暦は平均的には立春元日の暦であることはさきにも述べた。したがって大晦日と節分とは平均的には同じ日になるのであるから、混同されて当然である。追儺は「おにやらい」あるいは「なやらい」といい、また「ついな」と読む。大晦日の夜、禁中において悪鬼を駆逐する儀式であったが、中世以降次第にすたれた行事である。

追儺『東都歳事記』

平戸藩主・松浦静山（一七六〇～一八四一）著『甲子夜話《かっしやわ》』に江戸城の節分の話がある。

御坐間は老中方豆打を勤らる。尋常の如く高声に、鬼は外、福は内などは言はず。ただ御上段の塗縁に豆を三処に置き退かる。これを豆をはやすと云ふ。但し置くとき祝文を唱へらるとなり。又節分の日は、世に胴上げ迚《とて》歳男をつとむる者を婦女打寄りどうに揚る。大城の大奥にては御留守居その役をつとむ。其事畢《おわ》ると老女衆列坐ありて、御祝儀につき胴揚いたすと申達ありて。女員打より胴に揚るとなり。
とある。これは静山公の大叔父松浦越前守が御留守居役をしていたときの話という。

◈方違え（かたたがえ）

『枕草子』（二九八段）に、
　節分違などして、夜ふかく帰る、寒きこといとわりなく、おとがひなど落ちぬべきを、からうじて来着きて、火桶ひき寄せたるに……。
と方違えをして、厳寒の夜半に家に帰ることが書かれている。また「すさまじきもの」として、
　方たがへにいきたるに、あるじせぬ所。まいて節分などはいとすさまじ。
とも書いている。江戸時代の国学者天野政徳が方違えについて、
　今の世、此の事行なはれず、方違なす人もなけれど禍もさらになし……。
といっているように、後世にはすっかり衰えたが、平安時代には天皇や貴族階級には盛んに行われた風習であった。
　旧暦正月初めの暦注の項でも触れたように、そのころは人により、年により、日により禁忌の方角が多様にあり、それを避けるために方違えを行う必要があった。避けないと凶事をもたらすものに、金神《こんじん》、天一神、太白神などがあり、このうち天一神は、一個所にしばらく滞在するので

長神と呼ばれることもある。太白とは金星のことであるが、べつにその時の金星の方角とは関係ない。この神はよく動くので一夜巡りともいう。

これらの神たちが方違えを強いる元凶というわけで、その方角が方塞《かたふさ》がりになり、方忌《かたい》みなどともいう。他愛ない、といえば他愛ない話であるが、けっこう真剣に行われたようである。

逢事の　方ふたがりて　君こずば
思ふ心の　違うばかりぞ

また、

忌こそは　一夜巡りの神ときけ
なぜ逢事の　方違らん

と、恋人同士のデートにも影響して、さぞかし日常生活に不便をもたらし、信じていなかった人には迷惑なことであったろう。もしある人にとって、その年南の方角が禁忌ならば、そこへ行くためには、まず西南の方に行く。そうすればそこは目的地の西北になるから、そこからなら目的地に行っても差し支えない。つまり三角形の一辺を行けば済むところを、わざわざ二辺を経由して行くことになる。

その禁忌解除をあらかじめ行って、でかける時にいちいちしなくてよいようにするわけである。春の節分は陰陽道の年がわりのときで、特に重要で、節分方違えを行えば、その年の禁忌の方角を避けられる。夜あまり遅くないうちに出かけ、夜半過ぎから夜明け前までくらいで帰ってきて差し支えない。ただし場合によっては何日か逗留する必要もあるという厄介な風習であるが。平安時代の貴族の日記類にこの方違えの記事は多い。

『在盛卿記』長禄二年（一四五八）閏正月二十九日に「御方違時刻のこと」とあって、

> つねづね説は多くあるが、家伝の習いで丑寅の二刻をもって昨日・今日の境とする。よって御方違のこと寅の一刻を過ぎなければ、方違したとはいえない。したがって子丑の時分に出かけて、卯の初刻に還るのがよいとおもわれる。

という意味のことが書かれている。

立春ごろという、もっとも寒い時期の深夜に出かけ、いっときほどすごして帰宅するなど、さきの『枕草子』のように本当に寒い思いをしたことであろうと想像される。丑寅の境というと、定時法でいえば午前三時になる。夏至のころには寅の刻のなかばにもう明け六つとなるから、明け六つを一日の始まりと考えていた庶民感覚からいえば、丑寅の境が一日の境でよいわけである。このことは、暦博士加茂在方《あきまさ》が応永二十一年（一四一四）に著わした『暦林問答集』の昼夜時刻法の条にも見ることができる。

> 星の見ゆるを暮となし、星没するを旦となす。いま案ずるに丑を昨日の終となし、寅は今日の初めとなす。故に丑寅の両時が昨今の交りなり。

この方違えという、日本の特異な風習についての研究書はあまり見られない。おかしなこと？にこの風習に学問的興味を持ち研究書を著わしたのはフランスのベルナール・フランクなる人で、その訳書『方忌みと方違え』（斎藤広信訳）が岩波書店から出版された。暦や民俗学あるいは年中行事の本はいろいろあるが、方違えが詳細に論じられているのはこの本くらいであろう。

二月　きさらぎ

◆旧暦では春

私たち太陽暦で育ったものにとっては、二月といえば、まず「寒さ」が連想される。しかし旧暦では二月は仲春で、春分を含む月というきまりがある。

きさらぎの季節を七十二候に見よう（なお、ふりがなは、現代仮名遣いに改めた。以後同じ）。

啓蟄は二月節なり。極寒の時伏蔵《ふくぞう》したる諸虫戸を啓出《ひらきいず》るなり。故にすぐに其日第一候「蟄《ちっ》虫啓戸《ちゅうこをひらく》」といへり。此ころより、そろそろ虫土中を出るなり。第二の候に「桃始笑《ももはじめてわらう》」とは桃の花はじめて紐をときそめ、火をとぼすなり。惣じて諸花ともに花の咲《さく》を咲《わらう》といへり。崔護《さいご》が詩に桃花依旧咲春風《とうかはふるきによってしゅんぷうにわらう》といふ句あり。詩歌ともに笑といふ事多し。莟《つぼみ》の少しひらきかけたるさまなり。第三候「菜虫化蝶《ちょうとけす》」とは、世人乃見る通、菜の虫のるい此ころになりて、蝶と化するなり。

春分は二月の中気、その日すぐに第一候「雀始巣《すくう》」とは雀巣をくみはじむるころなりといふなり。春分は陰陽の交会するとき、日出、日入昼夜五十刻づつにして正等なり。等分の儀を取て春分といふ節気の大なるものなり。第二候「桜始開」とは彼岸桜、糸ざくら、児《ちご》ざくら、熊谷《くまがえ》ざくら等乃はやき花ども此ころひらきそむるなり。第三候「雷乃発声《らいすなわちこえをはっす》」とは此ころより初雷鳴《はつがみなりなり》そむるなり。

太陽暦になって暦の性格は完全に変わった、といえよう。昔はお日柄を知り、月の大小を知るためというのが主な目的であった暦が、現在ではお日柄を気にするのは結婚式のときくらいで、あとは葬式の日の友引をしらべるのが主である。特に迷信深い人以外の人はカレンダーを見て、曜日と休日を確かめるだけというのがふつうであろう。

現在では、世界のほとんどすべての国が、グレゴリオ暦という同じ太陽暦でカレンダーを作っていて、違うところは、国々固有の祭日の日だけである。太陰太陽暦の大きな欠点のひとつは毎年の暦をいちいち計算しなければならない、そしてその計算は専門家でなければできないということである。

このように暦算は特殊技能であったために、誰にでもできるものではなかった。その昔平将《たいらのまさ》門《かど》や、南北朝時代の南朝が、たとえ独立した王朝を唱えても、独自の暦はできなかったという。確かに南朝の年号のある古暦は発見されていない。

もっとも、江戸時代のなかばまでのわが国には、自分で新しい暦法を考える学問的基盤はなく、西暦八六二年から採用された唐の宣明暦《せんみょうれき》のあと、中国からの暦法の輸入が絶え、八百年以上も同じ暦法が使われた。その間には宣明暦の計算法も普及し、次第に地方の陰陽師《おんみょうじ》が各地で暦を発行するようになった。もちろん標準は京都の大経師暦《だいきょうじごよみ》であったが、いくら基になる暦法はひとつでも、各地で独立に暦を作れば、おのずから「暦日相違」の問題もしばしば生じる結果となる。

現在、日本の暦に関係した正式の数値（朔弦望の時刻や二十四節気の日時、あるいは日ノ出入時刻、日月食の有無その他）は国立天文台で計算し、二月一日の官報に翌年の分が「暦要項」として発表される。新聞社もカレンダー業者もこれを使うのである。

初めて日本人の手によって作られた暦法である貞享暦《じょうきょうれき》が実施された、江戸時代の貞享二年（一六八五）からは暦は全国的に統制され、計算は幕府の天文方が行い、各地の許可された暦師たちは、所司代や町奉行から交付される原稿に、忠実に従って作らなければならなかった。

幕府の崩壊後は、貞享以前に陰陽頭《おんようのかみ》として暦の最高権威であった、京都の土御門家《つちみかどけ》が願い出て、明治五年までの暦の製作を行った。

太陽暦改暦となって、旧来の習慣はすべて改められ、暦は文部省・内務省などいろいろの曲折を経たのち、明治二十一年東京天文台が発足すると、天文台が管掌するようになって、天文方の伝統を引き継ぎ、暦の計算を行い、頒布は伊勢神宮が担当した。

現在では広告・宣伝のために配られるカレンダーは、春分・秋分の日付以外は、誰にでも組み立てることができるくらい簡単であるけれど、暦の計算そのものは、昔は大変な労力を必要とし、その掛りも多数で、江戸時代にあっては、天文台の仕事のほとんどすべては暦に関係していた。

天文方は毎年の暦を計算し、暦と天象が合っているかどうかを調べるために、測量・観測をするのがおもな仕事であった。暦法が精密であるかどうかは食の予報が正確かどうかで、その評価が決まったので、暦に携わるものにとって、日食・月食の予報はもっとも主要な仕事であり、力をそそぐ研究対象は日食の予報の精度の向上であった。

◈天文方の生活

幕末の天文方は渋川、山路、足立の三家であった。山路家最後の天文方は金之丞であるが、この人の弟の鉞《えつ》四郎と養子縁組した久間孝子という人(昭和八年、九十二歳で没)が自分の記憶をもとに書き残した覚書が残されている。全文は下沢剛、広瀬秀雄両氏の名で『科学史研究』(一九七二年秋)に発表されたが、往時の天文台の様子の一端が偲ばれるくだりを要約してお伝えしよう。

天文方は渋川、山路、吉田の三家にして、何れも御役宅に住む。天文方の身分は御目見《おめみえ》以上の格式(御目見以上といふは将軍に直々面謁する資格を有するを云ふ)、勤め高二百俵。天文方に次ぐ手附といふ人、三家ともに十五人づつもあらん、天文の手伝い者にして、お目見以下の人、俗に御家人《ごけにん》といふ。是等の人は山路金之丞を先生々々といふ。山路ではお役所の人ととなへて居る。この御役所の人は、山路家の近臣同様にさまざまの用事を為す。至極

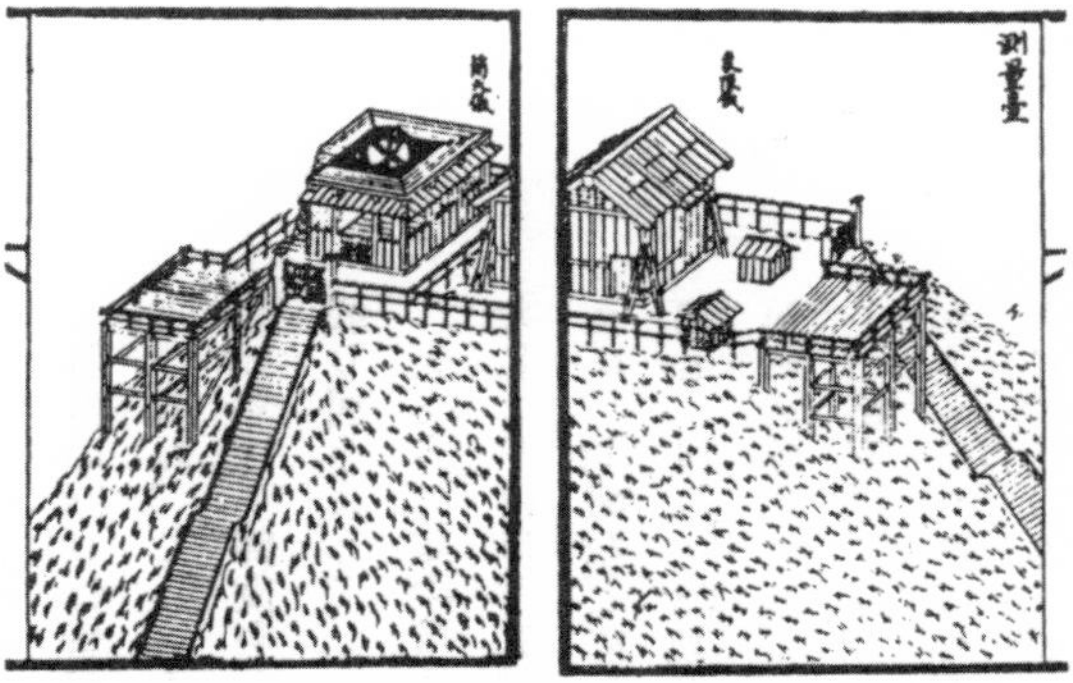

寛政暦時代の浅草天文台（『寛政暦法』）

重宝《ちょうほう》也。

山路と吉田との天文屋敷は浅草鳥越《とりごえ》と云ふ所にして、浅草大通りの蔵前の裏通りにありて、凡《およそ》二千余坪もありしならん。大いなる高き山ありて頂上には大なる渾天儀《こんてんぎ》を据《す》ゆ。傍らに小屋あり。夜は百匁蝋燭をともし、二ケ所に石段の登り口あり。女はけがれなりとて禁ず。

（中略）

御庭の回りは皆建仁寺垣もて囲ふ。この垣の外は二間幅程の歩ミ道にて、御長屋幾軒も建てつらね、ここに手附の人達住居す。尤も、遠く他町より通ひ勤めをする人もあり。此御長屋もやはり御役宅なれば、家税なし。されば古く勤める人より順に、この御長屋に住む事と成り居るよし。

天文方の年中行務は、京都の公家土御門より請、次暦を製撰し、諸大名へ配布す。

（中略）

大名よりは年々其国々の名産物を送り越す。夫等《それら》の中に仙台平の袴地など、年々貰ひ請《うけ》るゆゑに、羽織などにも仕立て召す。絹織とて、和《やわ》らかにつやある品でありたり。暦を製造する事と、日蝕・月蝕の月日時刻、日蝕の欠方等の相違調査のことと也。此蝕の時が、天文方の第一の勤めとして、夫《それ》は中々大がかりのよしに聞及びしなり。

山路家にては、女中二人、下男二人使ひて、外廻りの縁側などは、下男がふきに来るも、廊下斗《ばか》りも殊の外沢山なれば、女中二人では手廻らず、金之丞の奥方ふさ子君は夫《それ》ハ々々御多忙でありし。御役所へ出勤の人ハ、昼ハ十人、夜留り番は二人づつ。これ等皆御賄ひの膳部こしらへなど、朝二人、昼十人、夕飯二人をである。尤も御賄ひ料は多分に公儀より請《う》くのミならず、ともし油、蝋燭、半紙等も殊の外沢山にお請けに成る。夜は間毎に燭台を建、大蝋燭をともす。鼻紙、落し紙も、家内中半紙を用ひても、月々余分に残るといふて、私方へも度々頂戴した。(以下略)

◈天文方の消滅

寛政年代(西暦一八〇〇年ごろ)から幕末にかけては、オランダ語の一般天文学の書籍を学び、日本の暦学は長足の進歩を遂げた。しかし、所詮天文方の天文学は暦学の枠を脱することができず、一般天文学の進展には寄与し得なかった。それはまた天文方の立場から当然のことであった。

やがて幕府消滅とともに浅草天文台も自然消滅して廃屋同然に放置され、その残存機械類は明治二年四月、開成学校(東京大学の前身)に引き取られた。そのような事情であったから、明治になっては、天文方の業績は少しの評価もされず、役立たされることもなく、天文学教育はお雇い外人教師にゆだねられることになった。

似たようなことは中国天文学にもいえる。二千年も以前には西欧より優れていた天文学も王立天文台で手厚い庇護をうけ、政治的支配のもとの、保守的な空気のなかで、ついに進歩をみることなく、宣教師たちから西欧天文学の暦に関連した、技術的な面をとりいれたのみであったので、幕末ごろでは本来弟子であった日本の、その天文学・暦学にも追い抜かれたのである。

それはともかくとして、天文台における江戸時代からの暦学に偏っていた天文学の傾向は、長く尾を引いて第二次大戦前までの東京天文台では暦関係がもっとも主要な立場にあり、人員も一番多く働いていた。それも今では昔がたり、コンピュータが発達した現在では作暦は天文台の仕事の、ほんのごく一部で一、二の者が携わっているに過ぎない。

◈西行ときさらぎ（如月）

西行法師、当時より、釈迦如来御入滅（にゅうめつ・死ぬこと、ふつう釈迦の死あるいは一般に僧侶の死をいう）の日、終をとらん事をねがひて、よみ侍りける

願はくば　花のしたにて春死なむ
そのきさらぎの　望月のころ

かくよみて……往生をとげてけり。

『古今著聞集《ここんちょもんじゅう》』哀傷の条にも、この西行の有名な歌が紹介されている。

この歌にある花とは、桜と考えてさしつかえないと思う。「きさらぎ」といえば、私たちにとっては、どうしても太陽暦の二月のイメージがまず浮かぶ。それなのになぜ「きらさぎ」に桜なのか？　前にも述べたように、陰暦の基本的な約束によって、二月には春分がなければならない。言いかえれば、ある朔の日から、次の朔の日の前日までの、どの日かが春分であれば、その暦月が二月になる、というのが陰暦の規則である。

いま太陽暦と陰暦の日付の違いが極端になるとき、つまり閏月のある年を考えてみよう。いまは二月の話をしているのであるから、例として、特別な意味はないが、たまたま目についた元禄十年（一六九七）をとってみよう。この年の春分は二月三十日で、いまの三月二十二日に相当し、二月朔日はいまの二月二十一日であった。この元禄十年も閏二月があって、閏二月一日は、いまの三月二十三日であった。このように春分が晦日になるようなときは、ふつう二月に閏が入ることになる。これは旧の二月一日としては一番遅い例となる。この年、閏二月の晦日は四月二十日であった。

表にまとめてみると、

陰　暦	太陽暦では
元禄十年	一六九七年
二月朔日	二月二十一日
閏二月朔日	三月二十三日

閏二月晦日　　四月　二十日

つまり二月は太陽暦の二月二十一日から、四月二十日まで五十九日間もあったことになる。ふつうなら三月朔日だとおもっている、その日からまた二月を初めからやり直すことになるのであるから、ずいぶん調子がくるってしまう。そこで、

光陰を　けつまずかせる　閏月

という川柳が生まれることになる。

◈きさらぎの語源説

さて、このように二月に閏月があると、閏きさらぎの望月、すなわち二月十五日は四月六日となってしまって、桜も散るころになる。

ということを考えれば、「きさらぎ」の語源について衣更著の字を当てて、「さむくてさらに衣を着れば、きぬさらぎというをあやまってつたえられたもの」という『奥義抄』の説は少しおかしくはないだろうか？　いま述べたように旧の二月は、いまよりずっと春めいているはずで、どうもこの語源説は疑わしい。しかし、この説を唱える藤原清輔のような歌人が、現実に旧暦で生活していて、そのくらいのことが、わかっていないはずもなかろうから、この説は「だいぶ春めいてきて、多くの人が薄着になったところへ、また寒い日がぶりかえしてきて、重ね着をしたくなることがよくある月」とでもいう意味でもあろうか？

もっとも、本居宣長のように「凡て月々の名ども、昔より説あれども皆わろし」と、多くの語源説に否定的な見解を持つものも昔から多かったと思われる。もともと読みが先にあって、あとでいろいろもっともらしく言っているのであるから、なかなか決定版は出なくても仕方ないであろう。

ところで、「きさらぎ」にはふつう「如月」という漢字が当てられるが、これは中国の古い時代の文字の説明書である『爾雅《じが》』という本に、「二月を如と為す」（もちろん、その由来は私にはわからない）とあることから、その如に月をつけ如月と書いて、きさらぎと読ませたものである。本来わが国の古い読みに、いきなり中国の書物から漢字を借りてきた、この「如月」という当て字は、発生過程からして「きさらぎ」という読みと無関係の異質のもので、如月の字と「きさらぎ」という読みは直接結びつかない。したがって、月の和名の語源説のなかには「如月」の字の説明はあらわれない。

◈ふたたび西行

さて西行に戻ろう。彼は、ほぼその願いのとおり、建久元年二月十六日に入滅した。グレゴリオ暦、つまり、いまの日付でいえば一一九〇年の三月三十日のことである。いまの二月では桜の花もありえないけれど、三月三十日ならちょうどよいころになる。没したところも河内国であるから、特に寒い地方でもない。桜も咲いていたことであろう。

日付は十六日であるが、この二月の望の時刻を調べてみると、十六日の二十一時ごろであったことがわかる。ちなみに、どうやってそんな昔の満月の時刻までわかるかといえば、昔のことを調べる人のために『新月と満月、紀元前千年から西暦一六五一年まで』（ゴールドスタイン、一九七三年）という、電子計算機を使って計算された便利な本が、アメリカで出版されているから、それを調べればすぐわかるだけのことである。

かくて西行の死は、まさに希望どおりというべきで、少々うまくできすぎているくらいである。このくらい、ほぼ自分の希望どおりに死ぬことができたらと、誰でも羨ましく思うことであろう。二月十五日は涅槃会《ねはんえ》、仏忌ともいう、釈迦が涅槃に入った（入滅）と伝えられている日であり、西行の願いも、もとよりその日にあったのであろうことは『古今著聞集』のいうとおりであろう。

◈桜のついでに

ところで話かわって、桜の話のついでに、浅野の殿様の辞世の、

　風さそう　花よりもなほ　我はまた
　　春の名残を　いかにとかせむ

を考えてみよう。浅野内匠頭長矩《ながのり》が切腹した田村邸の邸前の桜（があったとして）は果たしてどうであったろうか？　元禄十四年三月十四日は一七〇一年四月二十一日である。山桜ならまさに散りごろ？　といえようか。もちろん、この年の気温が平年なみだったとしての話である。

さらについでに浪士たちの切腹した元禄十六年二月四日、この日はいまの三月二十日であるから、これも桜が咲いていても無理ではない。もちろん明治になって作られた品種の、染井吉野はあるはずもないから、どんな桜かはわからないが、かりに芝居などで背景に桜を配してもおかしくはないであろう。

◈春分〈1〉ひがん

さて春分そのものは、西欧と違って日本では昔の生活には彼岸の中日としてしか関心がなく、春分そのものについては、ほとんどなんの感想も持たれていない。太陽暦になってからは秋分とともに祭日になったが、昔はそのようなことはなかったし、特に季節の区切りでもない。したがって、春分を主題にした和歌は、有名な歌集には、まず見当らない。昔から彼岸に関した文献は散見しても、春分は歌題にもならない。江戸時代もなかば近くまでは庶民の暦には、春分の日には二月中と注してあるのみで「春分」という名は出ていない。春分は単に暦をつくる上で、二月を規定するために必要な暦法上の用語で、素人には用はなかった。しかし春分の日は、そのまま彼岸の中日、または彼岸の日取りを決定する基準になる日として、庶民に強く結びついていた。つまり庶民の暦には、彼岸の入りは載っていても春分の名は載っていなかったのである。

西欧では復活祭の日取りを決定する基準として、春分は三月二十一日に固定されて用いられている。東西ともに宗教と関係して重視されている点は共通である。宗教とは別に、日本の暦では基本的には立春が正月に当てられていたが、西欧では太陽が天球上、南半球から北半球にうつるとき、太陽が南北方向にもっとも大きく動く時として、春分が観測され、重視されてきた。

「暑さ寒さも彼岸まで」という言葉どおり、春分のころになれば、北国は別として、寒さもずいぶんしのぎやすくなる。現在では、彼岸といえばどうしても三月、九月がすぐに連想されるが、本来彼岸は「きさらぎ」と秋は「はづき」のものである。日本の暦はもとは朝廷、高官、貴族たちだけが用い、漢字のみで書かれていて、具注暦と呼ばれるものであった。彼岸は庶民のものであったので、具注暦には記載されなかった。

彼岸は仏家から言いだされたもので、他のほとんどの暦注が中国渡来であるのに、この彼岸は日本の暦独自の暦注である。『源氏物語』に「ひがんのはじめ」「ひがんのはて」などの言葉が出てくるから、平安時代も中ごろの仮名暦には記載されていたようである。彼岸は、この日に善を修め生死苦界の此岸（しがん）より涅槃（ねはん）の彼岸にいたる願いをかける趣旨であろう。

嘉永三年（一八五〇）に出版された『善庵随筆』（朝川鼎著）には、春分・秋分には真西に日が没することから「西方浄土」を一般に認め知らせるために彼岸会と名づけたと書かれている。

『新古今和歌集』に、

今ぞこれ　入日を見ても　思ひこし
弥陀のみくにの　夕暮れの空

の歌がある。

昔、僧が談義・説法をすることは比叡山の坂本に限って行われ、ほかの寺院では行われなかった。比叡山では能弁の僧が出席して説法したので、都や近辺の村々から善男・善女が坂本に群集したものであるが、肝心の彼岸の時節がわからず毎度迷惑したので、比叡山より暦家へ暦に載せるように要請したとある。折しも気候のよい時節で、坂本へ出かけることは、いまのレクリエーションのような要素もあったのである。

彼岸は延暦二十五年（八〇六）諸国の国分寺僧に春・秋の仲月（二月と八月）に七日ずつ『金剛般若経《はんにゃきょう》』を読ましめた、と『日本後紀』にある記事がその起こりという。そのころは春分・秋分の翌々日が彼岸の入りで、それから七日間が彼岸であった。今のような日取りは天保十五年（一八四四）からである。

◈没日（もつにち）と余日

宣明暦の時代（八六二〜一六八四）では暦に没日（もつにち、またはもちという）というのが記載されていた。これは日数に入れない日である。冬至から冬至までの一年は三百六十五日と六時間ほどであるが、昔の暦家（だけではないかもしれないが）の思想にはひと月は三十日、一年はその十二カ月で三百六十日かっきりを、理想のものとした考えがあったようである。

一太陽年の三百六十五日余のうち、三百六十を越える、余分の五日と六時間ほどを暦家は「天旋《せん》に比して、日行が不足する」といった。この余分の数を一太陽年の毎日に均分に割りふって暦計算の際、積み立てていく。毎日積み立てたその余分の端数が一日に達すると、その日を没日として正規の日数からはずした。

一年間で五日と六時間たまるようにしてあるわけであるから、約七十日に一度ずつくらいの割で巡ってくる勘定になる。つまり没日は一年に五日、もしくは六日あった。宣明暦を使っていた時代までの暦には、没日が記載されていた。

たとえば法要の四十九日までに、もしこの没日があれば法事は五十日目に行うことになった。したがって、この没日が途中に入ると彼岸の日数は八日間になるわけである。古文書で日数を数えて合わないときは、その間にこの没日が入っているということがあるから注意する必要がある。

没日と同様な発想で滅日があった。月の満ち欠けの周期は二十九日と十二時間余りで三十日に満たない。これを「月の日に及ばざるもの」といい、没日と似たような計算をして滅（めつ、またはめち）日を求め、これも没日と同様に凶日として暦に記載されていた。しかし、この滅日の方は、どの程度避けられたものかは、文献に出てくることも乏しく、詳しいことは明らかではない。

エジプトの昔の太陽暦では一年を、つねに三十日の十二カ月、三百六十日としていて、あと五日は余日と称え年末につけたもので、なにか共通の発想があったのであろうか。

◈太陽暦の毎月の名前と日数

閏日が二月に置かれる理由は一月一日の項で述べたように、昔のローマではいまの三月に当るマルチウス月が年初であった、そのころの名残りである。

ローマ暦では閏日は二月の二十三日と二十四日の間に入れていた。これは一見異様であるが、ローマの人たちの日の数え方から自然におきたものである。すなわち二月の二十三日はテルミナリアという年末の祭日で、二月十四日より後は、日を呼ぶのにテルミナリア前幾日と言っていた。そして二十四日以後は三月の初日前幾日とかぞえた。この習慣から、閏日が二十三日と二十四日の間に置かれたもので、いわば二十四日以後の日は翌年に属していた感じであった。ところで太陽暦の毎月の日数は、ユリウス暦制定の際に、すでに現在のとおりになったものとされるが、次の説がもっともらしく語られている場合も多い。

	初めの月名	その日数
一月	ヤヌアリウス	三十一日
二月	フェブルアリウス	二十九日
三月	マルチウス	三十一日
四月	アプリリス	三十日
五月	マイウス	三十一日
六月	ユニウス	三十日

七月　クインチリス　三十一日
八月　セクスチリス　三十日
九月　セプテンベル　三十一日
十月　オクトーベル　三十日
十一月　ノヴェンベル　三十一日
十二月　デケンベル　三十日

一月、二月と、いまの三月に当るマルチウス月（英語よみでマーチ）、アプリリス（エープリル）、マイウス（メイ）、ユニウス（ジューン）までは神々などに由来する名称であったが、次の三月から数えて五番目のクインチリスからは数詞で、セクスチリス、セプテンベル、オクトーベル、ノヴェンベル、デケンベルと続く六個は第五、第六、第七、第八、第九、第十という意味である。これら七月以降の月名のうち、七月に当るクインチリスはユリウス・ケーザル（英語読みでジュリアス・シーザー）が改暦に際し、自分の名前のジュリアスにちなんでジュライとした。

七月までの日数は二月が二十九日であったほかは、いまと日数は同じであったが、八月以下は上記のように、いまとは各月の日数が逆で三十、三十一、三十、三十一、三十であった。

シーザーの後継者として皇帝となったアウグストスはシーザーと同じく自分の名前を後世に留めたいという強い願望をもち、セクスチリスをアウグストスに改め、しかも自分の名前の八月が、シーザーに由来する七月が三十一日であるのに比べ、一日少ない三十日であるのに不満で、二月から一日とってシーザーの七月と同様に八月も三十一日にした。このため、ただされ一日少なかった二月は二十八日となった。それに加えて三十一日の月が七月から三カ月も続くことになったので、九月以下の毎月の日数を全部逆にしたという話である。

◈初午（はつうま）

二月最初の午の日をいう。この日は稲荷信仰をもつ人たちで、全国どこの稲荷社もおおいに賑わう。

日本人の稲荷信仰は大変篤いものがあり、宗教法人として神社本庁に登録されている神社八万社のうち四割に当る三万社は稲荷神社といわれるくらいである。

古くは『紀貫之集』第一に、延喜六年（九〇六）の初午に歌われた、

　独《ひとり》のみ　我こえなくに稲荷山
　　春のかすみの　たちかくすらん

というのがある。

総本山の伏見稲荷を初め、愛知県の豊川稲荷など各地に名のある稲荷社がある。西の方では上の二つに佐賀県の祐徳《ゆうとく》稲荷を加えて三大稲荷といい、関東では祐徳のかわりに茨城県の笠間稲荷を加えて呼んでいるのも稲荷信仰の盛んなあらわれのひとつであろうか。

私の住む秦野市にも「白笹稲荷」という、神奈川県西部方面ではかなり有名な稲荷があって、

初午『東都歳事記』

初午の日には臨時直通バスが、駅前から頻繁に往復していて、近隣の人たちの信仰のほどがうかがえる。

　稲荷は稲生《な》りからきているといわれ、田の神の信仰の上に立っているもので、それにその使い女（つかわしめ）としての狐信仰とが結びつき、稲荷と狐を同一視する信仰が見られるようになっている。総本山の伏見稲荷が近くにあることから、稲荷信仰は初めは上方の方がさかんであったが、のちには江戸の方が栄えるようになり、江戸の武家屋敷の多くに稲荷社がまつられていたという。

　稲荷と狐を結びつけたのは空海、すなわち弘法大師であるという説がある。空海が唐から帰朝した際、白狐が仏法を流布するために空海を守護して、ひそかに同じ船にのり日本に来て、稲を荷なった老人に化け、京都の東寺の門前で空海に出会った。空海がこれを東寺の鎮守にしたという話で、庶民の心を仏教に向けさせようとした話であろう。この話の真偽はともかく、稲荷信仰と真言密教との結びつきは確かであり、これにさらに民間の祈祷師や巫女など、いろいろ知恵者がいて稲荷信仰の隆盛を招いたものと考えられている。

三月　やよい

◈春分〈2〉

天の赤道と太陽の通る道筋である黄道とが交わる二点のうち、太陽が天球の南から北へとよぎる点を春分点という。この春分点を太陽が通過する瞬間が春分で、その時刻を含む日が春分の日である。春分の日は、一九〇三年（明治三十六）から一九二三年（大正十二）まで四年ごとに二十二日ということがあったが、最近では三月二十日か二十一日に決まっていて、今後当分の間は、四年ごとに閏年とその翌年が二十日で、あとの二年は二十一日である。つまり、

春分の日が二十日の年	春分の日が二十一日の年
二〇〇〇、二〇〇一	二〇〇二、二〇〇三
二〇〇四、二〇〇五	二〇〇六、二〇〇七

という具合で二〇二五年まではこの調子である。二〇二六年になると、いままでの順からいえば

二十一日であったのが、この年も二十日となり、以後は四年ごとに二十日が三回、二十一日が一回になる。すなわち、閏年の前年のみが二十一日となる。二〇五六年からは二十日ばかりになり、二〇八八年には三月十九日が春分となる。

しかしこのままずっと春分の日が一貫して早くなっていくわけではない。四百年で三回閏年を省くことによって調節され、四百年周期でかなり具合よくいくように組み立ててあるのがグレゴリオ暦である。総体的には二千六百年くらいで、太陽の運行と一日狂うくらいの精度にできているのである。

春分の日には太陽は真東から出て真西に沈む。これは東京でも北海道でも沖縄でも同じで、どこも昼間の時間は約十二時間と十分くらいとなる。これが冬至や夏至では地方により昼夜の長さはだいぶ違う。

昼間の時間（冬至）

那覇	東京	札幌
十時間三十分	九時間四十五分	九時間一分

と、沖縄と北海道では一時間半もの差がある。

太陽暦では三月からが春である。いま数字を示したように、春分の日には昼間の方が夜間より十分ばかり長い。本来なら春分のときが昼夜平分のはずであるが、日の出、日の入りは太陽の上縁が少しでも出ていれば良いわけであるから、太陽の中心ではかるよりは昼間が長くなる。それと大気による光の屈折で、幾何学的にはまだ地平線下にあるときでも、太陽が浮き上がって見えることになる。

その量は計算上、角度で三十五分八秒が採用されている。ちなみに太陽の半径は十五分四十五秒から十六分十七秒くらいの角度に見える（これを視半径という）から、太陽の中心がまだ角度で五十分くらい、地平線より下にあるときに、早くも見えることになる。ついでであるが、月の出入り時刻は月の中心で計算する。月は欠けてみえることが多いから、上縁で計算するのは実態にそぐわない。本当に昼と夜の時間が等しいのは、たとえば二〇〇四年では三月十七日（春分は二十日）となる。

そのような理由から、宝暦の改暦（一七五五年）に際して、その実行者であった土御門泰邦は彼岸の日付について「彼岸の中日は昼夜等分にして、天地の気ひとしき時なり。前暦の注するところ、これに違《たが》へり。故にいまより誤りをただし、これを付け出す」として、春分から数えて六日まえを春の彼岸の入りとした。

春分を二十一日としたとき、十六日を入り、十九日を中日、そして二十二日を明けとした。この彼岸の日の取り方は、この時から天保十四年（一八四三）まで続けられた。

彼岸の日取りなどは暦学にはなんのかかわりもないことながら、江戸の天文方、西川正休《まさやす》との権力闘争に勝利して、改暦の首謀者になったものの、当時用いられていた暦法に、学問的な改革を加えるほどの学力のなかった土御門としたら、何か大衆にわかるような改革をして目立ちたかったのであろう。

しかし彼岸には真西に太陽が没する日を期して、西方浄土を拝するという趣旨からいえば、やはり彼岸の中日は、昼夜平分の日ではなく、真西に太陽が没する春分・秋分の日にすべきであって、話の筋からいっても無意味な改革というべきであろう。まして昔は明け六つから暮れ六つまでを昼としていたのであるから、この場合では昼夜平分は二月十五日ごろとなってしまう。その後、天保改暦とともに一八四四年から、現在のような定めになった。

◈やよい（弥生）

「やよひ」とは「風雨あらたまりて、草木いよいよおふるゆゑに、いやおひ月といふをあやまれり」と『奥義抄』は「やよい」の語源について説明している。月の和名の語源について、いろいろ自説を述べている諸本も、弥生だけはこの『奥義抄』と、ほぼ一致した説を書いている。本居宣長が「凡て月々の名ども、昔より説あれど皆わろし、其中にただ三月を弥生なりと云るのみはよし」と述べているように、弥生という語感はまさに春にふさわしい。

弥生の朔日は、一番季節の早いときは太陽暦の三月二十二日（例、万延元年〈一八六〇〉）に当り、遅いときの旧三月朔日は四月二十五日（元和四年〈一六一八〉閏三月）となる。この遅い例では三月晦日が五月二十三日となるから、弥生のうちとはいいながら、立夏を過ぎること半月、八十八夜を二十日も過ぎたころまで、まだ弥生ということになる。桜はとうに終り、つつじも散っていることになる。

ほかでも触れたように、旧暦では閏月が入ると季節感のずれが大変大きくなって、ずいぶん不自然な感じになるのは、太陰太陽暦の欠点のひとつといえよう。閏月がどの月に入るかは計算で決まり、その頻度は十九年に七回である。

陰暦の場合は月名だけで簡単に季節を想像しても誤ることが多い。だいたい睦月、如月、弥生などという月の呼称は旧暦に付随しているべきものであるから、それをそのまま太陽暦の同じ数字の暦月にあてはめること自体がおかしいことであり、誤解を生むもとになる。

ここで『天文俗談』の三月の七十二候を紹介しよう。

清明は三月の節気にして、陽気次第に壮《さかん》にして天気清浄明潔にして、万物盛大なり。故に清明といふ。その日すぐに第一候「玄鳥至《げんちょういたる》」とはこのころより燕きたるなり。第二候「虹始見《あらわる》」はこのころより雨気の日、或は虹のみゆる事ありといふ。冬は虹のたつといふ事これなし。虹にはいろいろの説あれども、日光のさすと雨の気とのわざによつてたつものなり。ゆへに朝の虹は西の方、暮の虹は東の方へよつてたつもの也。寒気の節は虹なし。第三候「鴻鴈《こうがん》北」とは鴈《がん》北にかへる、このころより帰りそむる鴈ありとなり。所謂《いわゆる》帰鴈なり。

穀雨は三月中気なり、此時節甘雨降て万物を生育するゆへ穀雨といふ度に、木のめはる雨といふ趣なり。その日すぐに第一候「葭《よし》始生」といふ。又芦とも云。此ころ、つのぐみ生ずるなり。第二候「牡丹華《はなさく》」もまた此ころ咲きそむるなり。第三候「霜止出苗《しもやんでなえいず》」も此ころ八十八夜すぎて天気温暖にして霜なく、苗代そろそろ青葉を出すなり。

◈弥生の雪

万延元年（一八六〇）三月三日、井伊大老は桜田門外で水戸浪士たちに、降りしきる雪の中で襲われて無念の死を遂げた。

この年は閏三月があったから、この年の本来の三月三日は陰暦ではもっとも早い時期に当り、太陽暦の三月二十四日になる。それゆえ、やや遅いとはいいながら、東京で大雪が降ったとしても、稀にはあることである（東京の終雪の平均は三月十八日）。

平均的な「やよい」の三日は、四月の八日ごろであるから、大雪などはほとんどありえない現象であろう。もっとも、これも絶対とはいえず、明治四十一年（一九〇八）東京では、

井伊大老

四月八日は雨降りだったのが、夕方から雪となり、九日は東京中が一面の銀世界と化し、積むことが実に一尺（三十センチ）余であった。午後になって、ようよう止んだけれども、雪のために電線が切れ、電柱が倒れ、電話、電信も不通となり、夜に入っても電燈がつかぬ。屋外の雪の白皚々《がいがい》たる上を、雲に掩《おお》われた弦月が朧《おぼろ》に照らしており、都は異様な光景を呈した。

と『明治東京逸聞史』（森銑三著、昭和四十四年序）にある（この日は旧ではちょうど一カ月ずれた三月の八日に相当していた）。

ちなみに気象庁が統計をとり始めてからの、東京の終雪の記録は、四月十七日（一九六九年）である。平均では京都の方が三日ほど遅いが、最晩の記録は京都は四月十三日である（以上『理科年表』二〇〇三年版による）。

異常記録といえば、藤原道長の日記である『御堂《みどう》関白記』によれば長和二年（一〇一三）三月二十四日に、時雨に雪が加わって北山は白くなり、道長は「衆人奇となす」と書いている。太陽暦にすれば実に五月十二日で、立夏の四日あとであった。明治四十一年よりも、また一カ月も遅い。もっとも京都と東京の違いはあるけれど。

しかし江戸でもさらに遅い記録はある。『泰平年表』（大野広城編著、天保十二年）には安永八年四月三日（一七七九年五月十八日）「江戸大雪降る」という記載がある。しかしこの記事の日については、斎藤月岑《げっしん》の『武江年表』（嘉永元年自序）には「四月朔日、二日大いに寒し。三日大雹《ひょう》降る」とあるから、実際は雪ではなく雹であったかもしれない。

◈桃の節句

三月三日、古く中国において、三月第一の巳《み》の日に、後には三日に杯を流水に浮かべ、汚れを祓《はら》い除くことが行われ、この行事を上巳《じょうし》といった。中国の古い文献に「三月三日、土民並びて江と池沼の間に出、杯を流して曲水の飲となす」と見える。

わが国でも初めは上巳の日であったというが、文武天皇の五年（七〇一）より正式に「三月三日を節日となす」と祝日とすることが規定され、公の儀となった。奈良・平安時代にさかんに行われた曲水の宴については、あらためて次節に述べる。

『幕朝年中行事歌合』には、この日の江戸城のしきたりを次のように述べている。

上巳は年毎に三月三日、白書院にして、三家の方々、溜詰《たまりづめ》の面々拝賀す。後大広間に渡御《とぎょ》有て国主の面々よりはじめ、大小名の拝賀を請らる。皆、のしめ長袴を著す。此日土御門家より、巳の日の祓撫物《なでもの》（祓のときに用いる紙製の人形や衣服）などを参らせ、また両御所より御台所、姫君の御かたがたへ雛を贈らせ給ふ。

さきの井伊大老も、この儀式のための登城の途次であった。

この日がまた桃の節句といわれるについては、『宇多天皇御記』の寛平二年（八九〇）二月三十日の条に、三月三日に桃花餅が「俗間に行来す、これを以て歳事と為す」という意味のことがあり、この日の桃花の宴は、民間で古くから行われていた行事を、宮廷の年中行事に取り入れたものである。

この日、一般の武家では草餅を食し、朝食に桃花酒を飲み、総出仕の家臣は草餅を頂戴することが古例であったようである。女子の間では雛が飾られ、白酒、菱餅、蛤等が供えられた。雛遊びは、古くは「ひひなあそび」といった。祓に用いられた人形（ひとがた）が、児女のふだんの遊び道具としての人形《にんぎょう》になり、それが三月三日の雛遊びに転化したものという。徳川時代には、それがあまりにさかんに行われ、華美を競うようになったので、しばしば幕府が制約したこともあった。

それはさておき、桃の節句を太陽暦の三月三日に行うのは、季節的には、やはり少々強引で、桃の花も温室で育成し室《むろ》で保存した花くらいしか咲いていない。

過去の特定の月日は太陽暦に変えるなり、そのときの状況を調べることによって記念日が決められるが、三月三日とか、五月五日のように毎年同じ日付で決まっているものは、換算のしようがないし、日付の数字に意味があるとすれば、そのままの日付を用いるより仕方ないかもしれない。しかし七夕などは太陽暦のひと月おくれがけっこう使われている。新旧の日付の差は平均で三十五日であるから、近似的には太陽暦の「ひとつき」おくれでよいわけである。

一般的には毎年の行事の日付は、それが一番いい解決法ではなかろうか？　それなればこそ、お盆や七夕のひと月後れが定着したのである。しかし五月五日の節句は六月五日にすると梅雨のはしりがくるときがあって、平均的には天候が悪いから、鯉のぼりのためには太陽暦の方がよさそうである。なおついでであるが、三月三日と五月五日と七月七日は毎年必ず同じ曜日となる。

これは三月は大の月で三十一日、四月は三十日で合わせて六十一日、三月三日と五月五日では日が二日ずれるから、三月、五月の節句の間の日数は六十一プラス二で六十三となり、これは七の倍数だから同じ曜日になる。五月と七月の場合も同じである。

◈曲水の宴

根本の意味は水辺に出て汚れを祓うということにあり、中国渡来の習慣にわが国の祓（はらえ）の思想が結合したものという。

曲水の宴は奈良・平安時代にさかんに行われたもので、清涼殿の庭に曲溝を造り、上流より酒の杯を浮かべ、溝の周辺に集まった貴族たちが、杯が自分の前を通りすぎないうちに歌を詠む、という宴である。最近は観光的な、復古趣味のショーのようにして行われているようである。

とかく話題の多い八代将軍徳川吉宗がこれを行ったとの話がある。

公武ともに久しく絶たりし曲水の宴を一度をこし給はむとの御事にて、成島道筑信遍に仰ありて、中右記（一〇八七〜一一二〇年、右大臣藤原宗忠の日記）等をはじめ、和漢の書の中より古例あまねく、さぐりもとめられ、そがうへにも御みづからの盛慮もて、古今を斟酌し給ひ、遂に一時のをきてを定められ、享保十七年（一七三二）三月三日、その事行はるべかりしに、雨にさはりて、同じき四月二日、遂にとげ行はる。巨勢大和守利啓、田沼主殿守意行、小堀土佐守政方、菅沼主膳正正定、伊丹三郎右衛門直賢、大島雲平以興、大久保源次郎忠喬をはじめ、和漢の才人、各御庭の池辺に座を設け、觴《さかずき》を流し、各詩歌を賦す。信遍は別の仰ごとをうけて、この座に列し、七言の古体をつくりて奉る、ことはててみな御前に召て禄多く賜はり、各歓をつくして退きぬ（『徳川実紀付録』）。

とある。

◈三月尽（やよいじん）

三月は太陽暦では春の初めと考えられているが、旧暦時代では三月は季春、すなわち春の終りである。歌集をみると「三月尽に」とか、「やよいのつごもりに」という詞書とともに、春を惜しむ歌が多く見られる。『俊成卿五社百首』という中にも、三月尽と題して五首ほどが見えるが、その一首、

けふくれぬ　夏のこよみを　巻き返し
　　なを春そとも　思ひなさばや

この歌は貴族たちの使う暦が巻物であったことも示している。暦は始めは貴族たちのものであったので、広い部屋で巻物を広げていられたが、庶民のものとなるにつれ、簡易な冊子風や折畳式あるいは一枚のものが用いられるようになった。

尽はつきる、すなわち晦日のことで、その月が小の月なら小尽、大の月なら大尽という。毎月、月末はあるのだから何月尽でもあるわけであるが、歌に詠まれるのは三月尽と九月尽、つまり惜しまれるのは春と秋の終りだけである。もっとも夏の終りの六月尽には夏越《なごし》の祓にちなむ、みそぎの歌がある。

歌集の春の部や秋の部の、初めの歌の詞書《ことばがき》に、「春立ちける日よめる」「秋立つ日よめる」などが見られる。これは決して正月一日、七月一日のことではなく立春、立秋のことである。つまり歌の世界では春は立春に始まり、三月晦《やよいのつごもり》に終ることになっているようである。そのような矛

盾を気にしないところがおもしろい。

◈ 年度末

本書の初めに、歳時記をいつから始めるのが適当であるのか、いろいろの考えがあることを述べたのだけれど、四月一日には新年度が始まる。その観点からすると、つまり三月尽は年（度）末である。大学関係の教官の多くがそうであるように、私なども誕生月にかかわりなく、三月末をもって定年退官となった。

暦年はどこの国でも、普通まずグレゴリオ暦の一月一日で始まっているが、年度となると多様である。日本で会計年度を四月から始めたのは明治十九年（一八八六）からである。これも当時わが国に強い影響力のあったイギリスにあわせたものであろうか？

中国・韓国やフランスなどは暦年と同じ一月であるし、アメリカは十月である。四月からというわが国の例は、決して多数派ではない。

四月　うづき

◈ 更衣（ころもがえ）

現在でも夏になると制服がいっせいに変わる学校が多い。しかし夏とは、いまでは六月のことであるが、旧暦の時代は四月からが夏で、四月朔日に冬春の衣服を夏ものに変える。『倭訓栞』には、

　ころもがへ　四月にいふ、春衣を更て夏衣にする也。冬の衣がへは十月也。倶《とも》に朔日に行はるる式也。

とあり、これが原則的な習慣であったろう。室町時代の大永八年（一五二八）に書かれた『宗五大草紙』という書の「衣装のかはり候時節のこと」という条に、

　三月中はあはせにうす小袖、四月朔日よりあはせを着候。（中略）五月五日まではあはせ、五日より男衆はかたびら、女中は殿中には、すずしうらの、ねりぬきをめし候。御腰まきも

すずしうら、六月朔日より七月中、かたびらをめし候。八月朔日より、又ねりぬきをめし候。御腰まき染付の小袖を各御用候。男衆もいにしへは、八月一日よりあはせを着したるとて候。今は九月朔日よりあはせ、九日より小袖を着し候。また十月亥子《いのこ》には男女ともに、むらさきの色の小袖を用候。

とある。

徳川幕府では四月一日より五月四日まで、および九月一日より同八日までは、あわせを用い、九月九日より翌三月末までは綿入れ、五月五日より帷子（かたびら・ひとえもの）を用い、民間もほぼこれにならった。寒ければあわせの下に白小袖を着たり、涼しすぎれば帷子の下に下着を着たりした。

また『殿居嚢《ぶくろ》』という江戸時代の武家の年中行事などの話を集めた本に「四月朔日、五ツどき、のしめ袷《あわせ》、麻、今日より足袋を用ひず」とあり、届け出しなければ足袋をはくことはできなかった。多くの者は老中に夏足袋願いを出して用いていたという。

◈灌仏会（かんぶつえ）

釈迦誕生の日は二月八日という説もあるが、わが国では四月八日をとって、古くからこの日、仏像に香の水をそそぎかける儀式が行われてきた。古くは仏生会《ぶっしょうえ》、竜華会《りゅうげえ》などともいい、釈迦誕生を祝う仏教の年中行事のひとつである。推古天皇の十四年（六〇六）の条に、「この年より、

むつき 一月　きさらぎ 二月　やよい 三月　うづき 四月　さつき 五月　みなづき 六月　ふづき 七月　はづき 八月　ながつき 九月　かみなづき 十月　しもつき 十一月　しわす 十二月

灌仏会『年中行事大成』（国立公文書館蔵）
４月８日の釈尊の誕生日に、諸寺で営まれる仏事。「花祭り」ともいう。

初めて毎寺四月八日・七月十五日に設斎《おがみ》す」とあるのがわが国における灌仏会の始まりとされている。

中国では古くから行われていた風習という。平安時代に入り、藤原氏の盛んなころは、内裏だけでなく貴族邸でも行われるようになり、『源氏物語』にも、源氏邸での灌仏会の描写がある。また『守貞謾稿』には江戸時代の灌仏会として、

三都（京、大坂、江戸）とも諸所の仏寺にて花御堂を作り、誕生仏に甘茶をそそぐこと也。又三都ともに、今日の甘茶を墨にすり、千早振《ちはやぶる》、卯月八日は吉日よ、神さけ虫をせいばいぞする、と云歌を書て厠《かわや》に張置ば、毒虫を除くと言伝へ、専ら之を行ふこと也。

と伝えている。甘茶を灌《そそ》ぐ風習は江戸時代に広まったもので、花祭りという楽しい行事として定着している。

◈ 卯月

卯の花の咲く月立ちぬほととぎす

来鳴《きな》き響《とよ》めよ　含《ふふ》みたりとも

大伴家持のこの歌は四月一日に詠まれたものである。『奥義抄』に「うの花さかりにひらくゆゑに、うの花づきといふをあやまれり」と解釈しているが、『東雅』には「卯の花のさきぬる月なれば、卯月といふ也といふ説のごとき、しかるべしとも思はれず」として、ウツギの花がたまたま卯月に咲くから、卯の花などというようになったもの、とある。

語源はいずれにしても、歌の世界では四月と卯の花の結びつきは濃い。昔の季節の区分では、四月は夏である。立春から始まった春は、立夏の前日で終るはずであるが、この歌は卯の花の咲く月、すなわち四月になって、四月に鳴くものと決まっていた？「ほととぎす」の鳴くのを待つ歌である。

ほととぎすが渡り鳥ということを知らなかった昔の人は、四月になるころ深い山から里近くに下りてくるものと思っていたので、それゆえ「山ほととぎす」の名がある。往時の人のように、ほととぎすの初音《はつね》を聴こうとして夜中じゅう起きて待つほどの風流の持ち合わせのない私は、まだほととぎすの鳴声を知らない。あるいは聞いていても、そうと気づかず聞き流していたかもしれない。

昔の公卿たちはよほど「ほととぎす」に強い関心を持っていたとみえて、「ほととぎす」を扱った和歌はまことに多い。たとえば『古今和歌集』巻第三の夏歌の部には三十四首の歌があるが、そのうち実に二十八首までが「ほととぎす」を扱っている。

越中守であったころの大伴家持（七一七〜七八五）の歌が『万葉集』にある。この歌はその時代の歌人の意識のなかに強くあった、ほととぎすと四月の関係をよく表わしている。

立夏四月、既に累日《るいじつ》を経ぬれども、なほいまだ、ほととぎすのなくを聞かず、因りて作れる恨みの歌二首

あしひきの山も近きを　ほととぎす
　月立つまでに　何か来鳴かむ
玉に貫く花たちばなを　乏しみし
　このわが里に　来鳴かずあるらし

ほととぎすは、立夏の日来鳴くこと、必ず定まれり。また越中の風土、橙橘あること稀なり。これに因りて、大伴宿弥《すくね》家持《やかもち》、感を懐にしていささかこの歌をつくれり。（三月二十九日）

とある。この天平十九年（七四七）の立夏は『日本暦日原典』により三月二十一日であることがわかる。いまの五月八日に当る。越中で京都と同じように「ほととぎす」が鳴かなくても不思議はないであろうが、京都を離れて転勤先の越中に住まえば、こんなことにも郷愁を感じるのであろう。当時の歌人たちの立夏、あるいは卯月、皐月と「ほととぎす」の連想がずいぶん強かったことがわかる。

◈ 立夏

二十四節気では四月節が立夏である。春分の日に天の赤道を南から北へ通り抜けた太陽が、その軌道の八分の一の点に達したところである。太陽暦では五月六日ごろで、八十八夜の四日あとになる。

ここで卯月の七十二候をみると、

立夏は四月の節気なり。此日春気終て、夏の気たつなり。その日、すぐに第一候「蛙始鳴《かえるはじめてなく》」の候なり。田野の蛙なきそむるなり。第二候「蚯蚓出《きゅういんいずる》」は此ころより、蚯蚓《みみず》地上に出《いで》はじめるなり。「竹笋生《ちくかんしょうず》」は世上甘竹《はちく》の子生《は》えそむる頃也。

小満は四月の中、此ころ万物咸秀生《みなひいでしょう》ず。小しく盈満《えいまん》の心にて小満といふ。此日「蚕起《かいこおこって》食桑《くわをくらう》」の候なり。蚕生育を得て桑乃葉を食ふなり。「紅花栄《こうかさかう》」も此ころ紅花のさかふるをいふなり。「麦秋至《ばくしゅういたる》」もその頃麦秋になるなり。

ところで前項で天平十九年の立夏は太陽暦に直すと五月八日であったと述べたが、現在の立夏の日付と二日ほど違うのは、そのころと現在では、二十四節気の計算の仕方がちがっていたからである。

中国から暦法が渡来して以来、二十四節気は冬至を基準に、次の年の冬至までの一年の長さを二十四等分して、その値を冬至の日時に順次加えていって、二十四節気の日と時刻を決めていた。この方法で求めた二十四節気を恒気（または常気、あるいは平気）といった。この方法は太陽は一年中、その軌道の上を同じ早さで動いている、と扱っているわけである。

二十四節気は、この恒気で少しもさしつかえない、というよりかえって現行の定気より優れているのに、天保暦（一八四四年より施行）、すなわちわが国における最後の陰暦では、二十四節気の計算法を定気（または実気）に改め、現在でもその方法で計算されている。

定気とは冬至から黄道三百六十度を十五度おきに区切り、その分点を太陽が通過する時刻を、いちいち計算して二十四節気の時刻とする方法である。太陽の運行が一年中一様ならば、どちらの方法でも結果はひとつであるが、太陽は近日点通過のころ（現在では小寒のころ）もっとも早く動き、七月四日の遠日点通過のころ、もっとも遅く動く。

小寒は定気でも恒気でも一月六日になるが、だんだん定気の日付のほうが早くなり、清明は定気では四月五日、恒気では四月八日と差が最大になる。そのあたりから遠日点までは、次第に動きが平均より遅くなるから、恒気の方が後れを取り戻し、小暑の日付は、定気も恒気も同じ七月八日となる。その後は定気の日付の方が後れていき、小寒のころに再び一致する（日付は年により一日違うこともある）。

旧暦時代では、四月朔日ではなく、立夏からを夏と扱う場合も多い。春分のころでは五十四度であった太陽の南中高度も、立夏には七十一度にもなる。夏至のころでも七十八度にはならないから、その点ではもう真夏と変わらない。そのため気温もこのころに一年中でもっともめだって上昇する。平均気温でいえば、三月（太陽暦）は八・四度であったのが四月は十三・九度、五月は十八・四度となる。以上は東京における数字であるが、傾向はどこでも同じである。

◈仏滅

ところで話変わって、六曜《りくよう》という、どなたもご存じの迷信がある。この迷信は旧暦の日づけで決まる。四月一日は毎年「仏滅」という決まりがある、というだけで、四月と六曜を結びつけるのはずいぶんこじつけであるが、ここでこの迷信の話に触れよう。

四月一日のみでなく、十月一日も「仏滅」である。一年は十二カ月で六曜のほうは六つであるから、おのおのの六曜は各月の朔日を二つずつ受け持つ。五月朔日と十一月朔日は大安である。朔日が決まれば、後は仏滅・大安・赤口（六月と十二月の朔日）・先勝（正月と七月の朔日）・友引（二月と八月の朔日）・先負（三月と九月の朔日）の順で六日で一順して元に戻るという、他愛ないものである。

月末までは順序よく並ぶが、朔日はその順番に関係なく、月によって初めから決まっているため、月代わりのところでジャンプする。つまり小の月（二十九日）ではその晦日の六曜と、翌月の朔日の六曜とは二つとび、大の月（三十日）では一つとばした六曜になる。いまのカレンダーは旧暦の日付を書かずに六曜だけ書いてあるものが多いから、旧の月が変わるところで不連続になる、その点が素人にはわかりにくいだけの話である。

だいたい各人にとって運の良い日、悪い日はあっても、日に良い悪いなどあるはずはない。

三月朔日は先負である。したがって上の順で三日は大安であるが、桜田門外に散った井伊大老にとっては少しも良い日ではなかったであろうし、西軍の進発で始まった慶長五年の関が原の戦いは大安の九月十五日であったが、西軍には幸いせずに大敗に終り、家康に幸いした。

もっとも六曜が少しずつはやりだしたのは、明治の後半からで、江戸時代には存在はしていたが、公認された暦に記載はなく、暦には別の迷信が数多くあったものである。神田茂氏の調査によれば、延享四年（一七四七）編と思われる『万暦《まんれき》両面鑑《かがみ》』に「孔明六よう毎日善悪を知る」という題で現代の六曜と全く同様の説明が見られるのが、一番古い文献であるという。このことは現在まで、多年六曜を研究調査され『六曜を考える』という書の著者である安藤宣保氏も同意しているのでほぼ確かであろう。特に現在のように異常に用いられるようになったのは戦後の昭和三十年代からと思われる。

実際、どうしてこのような根拠もなにもない迷信を気にするのか、私など不思議で仕方ない。もっともたいていの人は、結婚式のときくらいしか思い出さないようで、それが心から信じてはいない証拠かもしれないけれど。

友引の日には葬儀をしないのが普通になっているのは、その日、火葬場が休みで仕方ないということもあって、やむなく従うわけであるが、葬儀をして悪いわけはなく、私の暦学の先生であり天文台長であった広瀬秀雄先生の葬儀は友引の日に行われた。私もそのお手伝いをしていたが、参列者の誰一人、友引などを口にするものはなく、なんの気にもせず、盛大に行われた。

自治体のような公共機関が迷信排撃の啓発もしないで、かえって無知な迷信に迎合し、六曜を根拠に休日を設けているなど、文明国らしからぬ愚かなことといえよう。ただし自治体によっては休日としていないところもある。

ほかの暦注類は、いずれも、節月と日についている干支（といっても、ほとんどは十二支）に因って決まる。そのため、いちいち暦を見なければわからないが、六曜はさきに述べたように、正月一日は先勝、二月一日は友引と旧暦の日付にしたがって、毎年一定であるから、簡単な表を持っていればその年の暦はべつに必要ない。

毎年日付だけで決まってしまうような事項は、昔は暦には載らないのが普通であった。それゆえ、たとえば節句とか、お盆とか中秋名月など、いわば行事に類するものは陰暦の暦本には載らなかった。行事と暦事項の違いはそこにある、ともいえる。とすれば大安・仏滅は旧暦時代は、いわば一人前に扱われていない暦注であった。

現在は太陽暦であるから、その日付だけでは六曜がわからない。この点が明治になり太陽暦になって、それまでの暦注が禁止されて困った迷信屋のつけめであった。取り締まりを免れるために、出版社も責任者も不明にし、従来の正規の暦に載ったことのない六曜を載せた暦を、これは清国《しんこく》の暦である、などとごまかして弘めたので「お化け暦」とも呼ばれた。

暦が日本に入ってきて、しばらくの間は暦を用いていたのは貴族階級だけであった。彼らは「われわれは暦を見て吉凶を知り、それがなければ受けるであろう災害を、避けて通れる」と、暦を持たない無知な庶民とは違うという、エリート意識を持っていたのである。実際には根拠のない迷信に拘束されて、不便を強いられただけであった。

寛政暦の作者、高橋至時《よしとき》や、親友の、これも偉い天文学者であった間重富《はざましげとみ》ら優秀な学者たちは、さすがに暦注など無視していたことは、その書簡にもあらわれている。当時の暦は江戸の天文方が天文学的なことを計算して、原稿を作ると、京都の土御門がわで、迷信的暦注を書きこんでから、一般の暦屋に原稿として渡す仕組みで、天文方は暦注とは関係なかったのである。

五月　さつき

◈端午の節句

五月五日は端午の節句である。端は初めの意味があり、端午は本来最初の午《うま》の日のことである。中国では悪い日とされていて、人形を門戸にかけて毒気をはらう習慣があった。
また、すでに漢の時代から五月五日を端午とよんでおり、わが国では大化の改新以後には節日、すなわち季節の節目の祝日となっていたことが知られている。

『枕草子』に、

節《せち》は五月にしく月はなし、菖蒲《しょうぶ》・蓬《よもぎ》などのかをりあひたる、いみじうをかし。九重の御殿の上をはじめて、いひしらぬ民のすみかまで、いかでわがもとにしげく葺《ふ》かんと葺きわたしたる、なほいとめづらし。……空のけしき、くもりわたりたるに、中宮などには、縫殿より御薬《くす》玉とて、色々の糸を組み下げて参らせたれば……

端午の節句（『日本歳時記』）

とあるように、薬玉がこの日さかんに用いられたことは、多くの文献に見えるところである。

そのころは内裏《だいり》をはじめ、貴族・庶民にいたるまで菖蒲を葺き、この日を楽しんだものである。菖蒲で軒を葺いたり、菖蒲を枕に敷いたり、菖蒲湯をたてたりなど、菖蒲がいろいろと使われている。

ちまき・柏餅などや鯉のぼりなど、いまにのこる習慣は多い。鯉のぼりも最近はかなり早くから立てられるが、江戸時代の『東都歳時記』に男子ある家は四月二十五日ごろから五月六日までのぼりを立てる、と見え、『守貞謾稿』には「京坂にては男児生れて初の端午には、親族及び知《ち》音《いん》の方に粽《ちまき》を配り、二年目よりは柏餅を贈る」とある。

◈さつき

五月は太陽暦では春の終りの月で、新緑が美しい爽やかな季節である。なんとなく「さつき」という語感に合うような気がするのは私だけであろうか?

さつき、すなわち旧暦五月の七十二候について、また『天文俗談』を引用してみよう。

芒種は五月の節気、此月芒《のぎ》あるの穀を種《うゆ》べし。故にいふ也。其日「蟷螂生《とうろうしょうず》」乃候なり。蟷螂《かまきり》は風を飲、露を食ふ。一陰乃気に感じて生ず。「腐草為蛍《ふそうほたるとなる》」の候は雨湿陽気の薫蒸を得て、此ころ腐たる草化《け》して蛍となるなり。「梅始黄《うめはじめてきなり》」は梅の実色付《づく》なり。

夏至は五月乃中気なり。一陰黄泉の下に動《うごき》、盛陽の位故夏至といふ。その日すなはち「乃《ない》東枯《とうかるる》」乃候なり。乃東は夏枯草《かこそう》なり。うるき草とも、うつほ草ともいふ。此ころ枯はじむる也。「菖蒲華《はなさく》」は、此ころ花さきそむるなり。「半夏生《はんげしょう》」は半夏生ずるなり。からすのひしやくともほそみ草ともいふ薬草なり。夏の半にはゆるゆへ半夏といふ。

このうち「半夏生」の一候はいまだに生き残っていて、『理科年表』に掲載されている。『天文俗談』にもあるように、半夏は薬草に用いられた。戦国時代に宮廷に仕えていた山科言継《やましなときつぐ》の日記には、人の依頼に応じて半夏を投薬している記事がしばしば見える。また七十二候を記載していなかった仮名暦にも、半夏生のみは暦注として「はんけしやう」と書かれていて、他の七十二候とは別格であった。

いまに生き残っているのも、関心を持っている人が、いまだにいるということであろう。というのも昔は、この日までに田植を済まさなければならないことになっていて、農事暦の面から大切な日であったためと考えられる。

暦注書によれば「この日は五辛酒肉を食さず、淫欲を慎む日なり」とされており、またこの日には毒気が降るから前夜の宵から井戸にふたをすることになっていた。その俗信はまだ一般に井戸が使われていた時代には、ずっと伝えられていたようである。

ところで、さつきとは旧暦の定義では夏至のある月のことをいい、仲夏、すなわち夏という季節のさなかで、うっとうしい梅雨の季節でもある。芒種とは稲のように芒《のぎ》のある植物、つまり禾本科植物の種をまく意である。

梅雨の季節ではありながら、「さつき」の語感がさわやかなためか、競馬に「さつき賞」というレースがある。競馬ファンならご存じのように「さつき賞」は、太陽暦の四月に行われる。皐月といえば、太陽暦ではほぼ六月にあたる。それを太陽暦の四月に行うのだから、皐月賞レースの行われるのはまず卯月か弥生で、皐月に行われることは無いと断言できる。せめてひと月早い卯月の名をとればとも思われるが、どうも「うづき賞」では傷が痛むような気がしてあまりパッとしないから、華やかな競馬には不向きなのであろう。

あとで述べる「さつきばれ」と同様に、皐月の意味もずいぶん勝手に変えて使われるものである。

ところでまた語源の話になるが、「さつき」は何からきたかといえば早苗《さなえ》月からというのが、江戸時代の解説書の主流である。しかしふつうに使われるのは「皐月」であり、これは語源説にはない。これも「きさらぎ」と同じく中国の『爾雅《じが》』にある「五月を皐《さつ》となす」から当てたもので、日本古来の読みからのものではなかろう。

五月の朔日は太陽暦に直すと、一番早い時でも五月二十三日（たとえば天明元年〈一七八一〉）、遅いときは六月二十五日（たとえば天和三年〈一六八三〉）に相当する。いずれにしても、まるまる、もしくは一部が梅雨時に当るから梅雨のことを五月雨《さみだれ》ともいうわけで、旧暦五月は決して爽やかな季節ではない。

しかし五月雨はけっこう歌題になって、多くの歌を見かけるが、梅雨の晴間の意味の五月晴《さつきばれ》の方は題材にならないらしく、歌集にも随筆にも、浅学の私などその使用例をみたことがない。むしろ現在の方が、太陽暦の五月の晴れた日に転用され、定着してよく使われているようである。

五月蠅と書いて「さばえ」と読む。ようするに、うるさいことである。初めから、うるさいと読む場合が多い。下水道や水洗トイレが普及して、このごろでは蠅もずいぶん少なくなって、たまに見かけるくらいであるが、ただださえ多く飛び交ってうるさかった蠅が、昔は陰暦五月のころに特に群がり、うるさかったことからきている言葉であろう。

「さばえなす」という熟語もある。さわぐ、あらぶるにかけて用いられ、すでに『日本書紀』の神代紀に出ている言葉である。また五月闇《さつきやみ》は、梅雨が続き雲が低く垂れ込めた暗い感じに由来する。

◈夏至

夏至は昼間の時間が一番長い。東京では四時二十五分に日の出を見、十九時〇分が日の入りであるから、日中の時間は十四時間三十五分ある。おのずから夜（太陽が地平線下にある時間）は九時間二十五分である。

いま述べた日中は言葉を換えれば太陽の出ている時間であるが、昔は日の出、日の入り時刻を

図の外側の数字は、現在の時刻制で内側の子丑寅……と正しく対応している。中間の九ツ、八ツ、七ツ……は庶民が誤解していた対比で、本文（夏至）や121頁（芭蕉忍者説）の説明を参照のこと。

用いることはなく、明け六つ、暮六つを時刻の基準にした。時間でいえば日の出前、または日の入り後二刻半であった。一刻とは十四分のことであるから、二刻半はいまの三十五分である。

オランダ語の天文書ラランデについて、西洋天文学を学んだ高橋至時《よしとき》は、それまで年間を通じ同じ二刻半を用いてきた明け六つ、暮六つと日の出入りまでの時間も、厳密にいえば季節により多少の差があることを知り、『寛政暦書』では球面天文学の知識を取り入れ、「太陽がまだ地平線の下、七度二十一分四十秒にあるときを六つとする」と定義した。

夏至の日、東京では明け六つは三時四十七分、暮六つは十九時三十九分に相当する。

「お江戸日本橋七つだち……」という歌を私たちは、あまり深くも考えないで歌ってきたけれども、七つというと夏至のころでは、いまの時刻では午前二時半より前になり、冬至のころでも午前四時くらいであるから、旅に出る昔の人が、ずいぶん早立ちであったことがわかる。

この明け六つから暮六つまでの時間が昼間である。昔は時計面での昼夜平等の時間ではなく、明るさで決められた。日中・夜間の時間のそれぞれを六つに分けて、同じく一時（いっとき）と呼んで同じに扱っていたわけである。夏至のころで考えれば、昼間の「いっとき」は二時間と四十分弱、反対に夜の「いっとき」はわずか一時間二十分強しかない。考えれば、ずいぶんおかしなことになる。本来の時間の歩みは同じであるのに、夜の方がずっと早く時間が経過する感じとなる。

いま、かりに昼の七つ時に、いまから二ときほどの間に何かを仕上げる、といった場合、暮六つの鐘が鳴るまでの一時《いっとき》の間に半分以上仕上げておかなかったら、次の五つの鐘までは実質的には、それまでの半分ほどの短さであるから時間が足りなくなる理屈である。しかし暮六つをはさんだ「いっとき」は昼と夜の平均になるから、ちょうどいまの二時間に相当する。冬至のころでは昼が短いといっても、昼の「いっとき」は一時間五十分ほどで、夜の「いっとき」の二時間十分とあまり違わない。

◈時の流れ

この本の冒頭の章でも述べたように、時間というものは無限に遠い過去から、未来永劫に経過していく。本来なんの区切りもない。それになにか区切りをつけて、日常生活に便利な約束ごととして設けられたのが時刻制であり、暦である。その単位として用いられてきたものが、地球の公転周期と自転周期ということになる。昼と夜、あるいは季節によって長さが違う時刻法を不定

一月 むつき　二月 きさらぎ　三月 やよい　四月 うづき　五月 さつき　六月 みなづき　七月 ふづき　八月 はづき　九月 ながつき　十月 かみなづき　十一月 しもつき　十二月 しわす

時法という。それに対して季節・昼夜を通じ一定の時間を使う現在の時刻法を定時法という。その性質上、定時法は、かなり精確な時計が普及しないと維持が難しい。

ゆく河のながれはたえずして、しかももとの水にあらず。よどみにうかぶうたかたは、かつきえかつむすびて、ひさしくとどまる事なし。世中にある、人と栖《すみか》と又かくのごとし……知らず、うまれ死ぬる人、いづかたよりきたり、いづかたへか去る……

とらえどころのない時の流れのなかに、人生のはかなさをうたう『方丈記』の一節。また、

飄然《ひょうぜん》として何処よりともなく来り、飄然として何処へともなく去る。初めなく、終を知らず、蕭々《しょうしょう》として過ぐれば人の腸《はらわた》を断つ。風は過ぎ行く人生の声なり。何処より来りて何処に去るを知らぬ「人」は、此声を聞いて悲ム。

徳富蘆花は『自然と人生』でこのように述べている。

川の流れ、風の声に人生を託す思いは、古今いろいろに語られている。終り初めがどんなにわかりにくくても、風は空気の流れであり、そして川の流れにしても多少面倒とはいえ、その始点、終点をある程度の精度で測定できないことはない。無限の過去より永劫の未来に続く時間の方は所詮、初め終りを捕えることはできない。

しかし日常生活に用いる基本的な句読点として、一日の始まりには夜半がとられていることは、東西同じであり自然の選択といえようか。時刻の取り方も、昼夜十二ときの日本と、半日十二時の西洋の分け方も相似ている。一年という大きな区切りは、地球が太陽のまわりを一周する時間、

一昼夜は地球の自転する周期、これらは地球上に住む人間に与えられた自然の単位であるが、週とか時刻の細分すなわち一時間、一分、一秒などは人為的な単位である。

さて夏至は昼間の時間が一番長いのは確かでも、日の出時刻に限れば、夏至より一週間ほどまえが一番早く、日の入りは一週間ほどあとが一番遅くなる。といっても一分とは違わないが。私たちの使う時刻は平均太陽時といって、本当の太陽の動きを平均したものを使っているから、そのようなことが生ずるのである。

一般には毎日の長さは同じと考えているけれども、ある日の太陽が真南にある南中時刻から、翌日の南中時刻までをはかってみれば、その違いがわかる。たとえば冬至のころは、二十四時間と三十秒であるのが、秋分のころは二十三時間五十九分四十秒くらいである。つまり一日の長さが、長いときと短いときでは、五十秒もの差がある。したがって時計を太陽そのものに合わせるわけにはいかない。そのため平均太陽時というものを採用したのである。

もちろんこれは地球の自転速度がそんなに変化するわけではなく、地球の公転のスピードが太陽と地球との距離の変化、つまりは季節によって変わることがおもな原因で、それとともに地球が天の赤道ではなく、赤道と二十三度半も傾いている黄道にそって動くからである。

◈長功・短功

『延喜式』（平安時代の康保四年〈九六七〉に施行された法令集）の第三十四、木工寮の条に仕事のノルマに関する規定がある。

たとえば、

楯《たて》（長三尺六寸、広八寸、厚四分）

長功一人日四十枚、中功日三十五枚、

短功日三十枚

あるいは、

浴槽（長五尺二寸、広二尺五寸、深一尺七寸厚二寸）

長功八人、中功十人、短功十二人

というように、じつにたくさんの種目、製品についての労働量が、細かく数字で規定してある。

ここにある長功、中功……については、『令義解《りょうのぎげ》』（法令の註訳書、八三三年完成、翌年施行）に、つぎのように説明されている。

およそ功を計らん事は、四月、五月、六月、七月を長功と為せよ、二月、三月、八月、九月を中功と為せよ、十月、十一月、十二月、正月を短功と為せよ。

とあって、当時は時計がなくて、夜と昼とで違う長さの一時《いっとき》を使っていたにしても、こうして日中の真の長さに応じて仕事の分量なり、とりかかる人数を増減していた、つまり日の長さを酌量して仕事量を調節し、賃金が支払われていたことがわかる。

さきほど述べたように五月は夏至を含む月であるから、昼間の時間が長い。したがって「いっとき」の長さも長い。

◈芭蕉忍者説

何年かまえに私は栃木県鹿沼に居住する未知の方から質問の手紙を頂いた。それを要約すると、

　私は趣味で芭蕉の『奥の細道』を調べておりますが、その歩いた時間の点で理解できず、先生の『こよみと天文今昔』や『暦と日本人』を読み、だいぶわかったのですが、なお不明確な点がありますのでおうかがいします。芭蕉は栃木県の鹿沼を辰の上刻出発、午の刻日光着。これをすべての解説書は午前八時（もしくは七時半）出発、正午着とし、正味四時間ないし四時間半の所要時間としています。ところがこの距離は七里以上あって、この距離、この時間では、徒歩では無理と思います。

というものであった。この日は元禄二年三月二十九日ともつけ加えてあった。

調べてみると、元禄二年は正月に閏月が入るので、太陽暦にすると、平均よりはだいぶ遅く、問題の日は五月十八日（一六八九年）に当る。すると明け六つは三時五十八分ころで、辰の上刻は五時十五分くらいと考えられる。とすれば正午（太陽の南中時刻）までに六時間半ほどもあるから、足の達者な昔の人にとって、七里を歩くのに不可能な時間ではない。

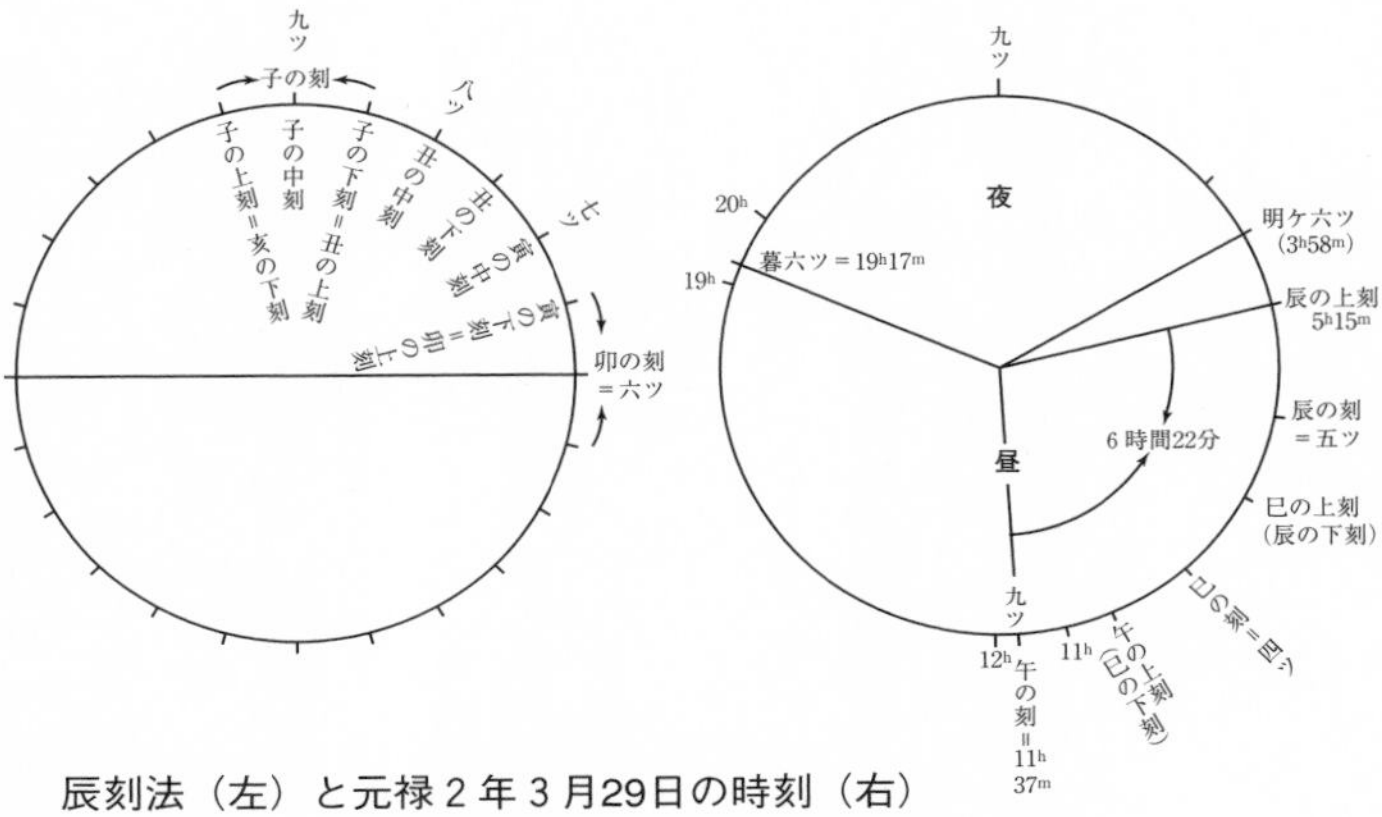

辰刻法（左）と元禄２年３月29日の時刻（右）

ほかのところでも触れてきたけれども、明け六つを機械的に午前六時とするから、このような誤解というか、解釈に苦しむことが生じるのである。そしてこんなに早く歩いたのだから、と芭蕉忍者説の裏づけに用いられたりするのである。明け六つがちょうど午前六時になるのは、二月九日ごろと十二月六日ごろの二回しかない（中央標準時・東京）。

本来は十二支で表わす時刻は定時法の時刻の名称であり、この時刻の唱え方を辰刻法という。これは一日を十二に均分して、子の刻は十一時から午前一時まで、丑の刻は午前一時から午前三時まで、寅の刻は午前三時から五時まで、卯の刻は五時から七時まで、そして辰の刻は午前七時から九時までとするものである。

午の刻は午前十一時から午後一時までであるから、十二時は午の刻の真ん中で正午というのである。午前・午後の言葉もなにげなく使っていても、その由来はこの午の刻の前か後かによっているのである。

暦の上では定時法で表示されているから、上のとおりであるが、日常の生活は時の鐘に従っている。時の鐘の九つ、八つ、七つ式の時刻の呼び名を時鐘式という。こちらは明るさできまる時刻制であるから、「いっとき」の長さは季節、昼夜によって異なる。しかし実際生活の上では、上の辰刻式と時鐘式、すなわち明け六つと卯の刻が混同され、十二支でよぶ時刻も不定時法の時鐘式と同じように使用されていた。

ふつう明け六つを卯の刻の真ん中としていて、不定時法用として作られていた和時計などは、文字板の表示もそうしていた。

定時法は正確な機械時計の発明を待って実用性を帯びる。西洋においてもそうであったし、わが国でも明治時代に至るまでは暦のうえ以外に定時法が日常に使われたことはなかった。時刻の話は大変難しいが、明け暮の六つが決して六時《ろくじ》と同じでないことだけを認識してほしいと思う。

また当時は精確な時計があるわけでなく、曇りの日が続いたら、ずっと精度は落ちるし、また次項で説明するように、上刻・中刻式の言い表わし方は暦法上の正規の呼称にはなく、解釈の仕方が一定ではなかったから、あまり厳密に論じても意味がない。

◈上刻・中刻

上刻・中刻については、それを日常使用していた江戸時代の人たちにも誤解が多かったことは、天保十一年（一八四〇）に大野広城という人が『青標紙』という書にいろいろの例をひいて、時刻についての解釈の混乱ぶりを示しているが、同書はやや難解の面もあり、かつ私の他の著(『暦と時の事典』)でも引用しているので、ここでは天文方に勤めていた渋川佑賢(一八二八～一八五七)の『星学須知《しゅち》』にある、専門家の見解を載せ、それを補足して解説してみる。

時刻を上刻・中刻・下刻と分けることは、通俗の誤りにて、暦家にては採用せず。世俗にて時鐘の昼五つ時を辰の刻と言い、八つ時を未の刻という類は大いなる誤りにて、暦家でいう辰刻法とおおいに差がある。世俗には暦家の古例にもとり、時鐘の五つ時を辰の刻と言い、八つ時を未の刻と言い、これを上中下の三段に分けることは、理に合わないが、五つ時を辰の中刻、五つ半時を辰の下刻、又は巳の上刻ととなえるのは、まだ良いが、五つ時を辰の上刻、五つ半時を辰の中刻と唱えるのは甚だ良くない。

以上が『星学須知』の要点である。

この専門家の説明をもとに、上刻・中刻について、いま一度詳しく述べてみよう。本来暦で用いている辰刻法では、辰の刻は午前七時から同九時までであるから、その初めの七時を辰の上刻、八時を辰の中刻のように呼ぶ方がよいとしているわけである。

しかしこの時刻の対応は定時法の場合で、一般には辰の刻＝五つとしていたのであるから、辰の中刻は明け六つのいっときあとになる。太陽暦の五月十八日の明け六つは三時五十八分、暮六つは十九時十七分である。したがって、昼間の時間は十五時間十九分である。十五時間十九分を六で割れば二時間三十三分になる。これが昼間のいっときの長さである。明け六つにこの時間を加えた六時三十一分が五つ、すなわち辰の中刻である。辰の上刻はその半とき前の五時十五分になるのである。図を参照すればおわかり頂けると思う。辰の下刻＝巳の上刻である。念のため。

六月

みなづき

◈小暑・大暑の六月

六月といえば現在ではまず梅雨が思い浮かぶ。旧暦では五月と決まっている夏至が、太陽暦では、六月二十二日ごろとなる。夏至の日には太陽は東より三十度も北によった所から出る。地平からの高さも南中時には七十七度にもなり、昼の長さも最長になる。現在ではふつう六月からを夏という。

水無月と書く場合が多いが、もちろんこれも当て字で、ただ昔から一番支持するものが多かったのであろう。諸説を載せると、

『奥義抄』

農のことども、みなしつきたるゆゑに、みなしつき、といふをあやまれり。一説には、この月まことに暑くして、ことに水泉かれつきたるゆゑに、みずなし月といふをあやまれり。

『東雅』

水無月といふは、水かれて尽るの義也といふ也。水無瀬などいふ地名もあれば、さもあるべしや。

『語意考』

加美那利（かみなり）月の上下を略せり。

『倭訓栞』

水月の義なるべし、此月は田ごとに、水をたたへたるをもて、名とせり。さなへ月よりうつれる詞也。一に神鳴月の上下略也といへり。神は雷也。

だいぶ意味がさまざまで、いずれをよしとするかは各人の好みの問題に近い。

毎月の例で、七十二候に登場願おう。

旧暦では六月節が小暑、六月中が大暑である、一年中でもっとも暑い季節であり、六月が過ぎれば、もう夏も終りである。六月は季夏という。季とは末のことである。例によって『天文俗談』より

小暑は六月乃節気、極熱の大暑に対してかくいふ。その候、「温風至《おんぷういたる》」は盛熱の時風あたたか成なり。「蓮始華《はちすはじめてはなさく》」は蓮《はす》の花咲はじむるなり。「鷹乃学習《たかすなわちがくしゅうす》」は此ころ鷹の雛鳥飛ことを、数習学《しばしばならいまなぶ》なり。大暑は六月中気、極熱の時故に大暑といふ。その候「桐始結花《はなをむすぶ》」は土用中に来年の花を葉の間に結なり。此桐は白桐なり。「土潤溽暑《つちうるおうてじょくしょ》」すとは陽気土湿を

蒸潤ふて溽暑《むしあつき》なり。「大雨時行《ときどきおこなう》」は白雨《ゆうだち》時々あるをいふ。

◈納涼大会

納涼大会といえば、現在ではどこでも八月のものであるが、旧暦では六月《みなづき》の行事であった。『都名所図会』には、

四条河原夕涼は、六月七日より始り同十八日に終る。東西の青楼よりは、川辺に床を儲け、灯は星の如く、河原には床机《しょうぎ》をつらねて、流光に宴を催し、濃紫の帽子は河風に翩翻《へんぽん》として、色よき美少年の月の明きに、おもはゆくかざす扇のなまめきて、みやびやかなれば……。

と描写されている。また、本居宣長の『在京日記』の、宝暦六年六月十四日を見ると、

暮かた、きよく晴ぬれば、こよひより始てすずみあり。三条のわたりへ用ありて、まかりしかば、かへさに大橋へ出て、川原のけしき見侍るに、星の如くにともしび見えて、いとにぎはし。かかる事は江戸・難波にもあらじと思ふ。ましてさらぬゐなかなどはさら也。

と詳しく、また十八日の条には、

このすずみの比《ころ》は、みやこの中のにぎはしきおもしろき最中也けらし。すずみも二十四日迄、日延かなひ侍るよし……。

とある。夕涼みは京都は四条河原、江戸は隅田川が名高い場所であった。

旧暦六月すなわち「みなづき」はいまの暦でいうと、一番早いときは、その朔日が六月二十三

日に当り（たとえば宝暦元年、明和七年など）、遅いとき、すなわち閏月が入ったときは、たとえば元和元年閏六月一日の七月二十六日ということになる。この時には六月のつごもりは八月二十三日であったから、六月を夏の終りといっても、いまの感覚からしてそんなに違和感はない。

◈入梅

現在では暦の上での入梅は、六月十一日ごろで、梅雨といえばどうしても六月のものという感じをうける。入梅の起源は、昔の医学の話などによく出てくる『本草綱目《ほんぞうこうもく》』にある。この本にある「五月節（芒種）に入って第一の壬（みずのえ）の日を入梅とする」というのが元になっている。『本草綱目』とは、中国の明の時代の一五九六年ごろ刊行された、薬物の書物で、李時珍が古今の文献により集大成した全五十二巻からなる書物で、わが国でも、これを日本人むきにした『本草綱目啓蒙』（小野蘭山）などがあらわされ、日本人の薬物知識に大きな影響を与えた。

ところでこの第一の壬《みずのえ》はいいのであるが、壬の日が五月節芒種の日であったら、どうするかが異説のあったところであるが、元文五年（一七四〇）からは一致したその日を入梅とすることに確定した。

入梅は具注暦には記載されていなかったもので、延宝六年（一六七八）の大経師暦に載ったのが最初であった。その後は経師暦にも載ったり載らなかったりであったが、貞享三年（一六八六）

からは確実にどの暦にも記載されるようになった。

中国と日本では気候が違う。かりに同じとしたところで、入梅にどれほどの意味があるわけでもない。現在ではさらに無用のものであるが、太陽が黄道の上で八十度の位置にきた時を入梅とする、という定義で入梅の日を決めて、計算発表するのも「暦の上では今日が入梅」とマスコミが取り上げるために便利をはかっているのであろうか？

やはり、気象庁が気圧配置を判断しての梅雨入《つゆい》りの発表の方が実際的である。それとて、果たしてどれほどの意味があるのか疑問である。それもやはりマスコミにせかれての梅雨入り宣言であろうが。

太陽が黄道上で七十五度の位置にあるときとして定義されている五月節芒種は、今の日付でいえば毎年六月六日ごろである。太陽は軌道上を約一日一度の割で動くから、芒種から五度さきの入梅は十一日ごろと決まっているが、昔の方法ならば入梅は芒種から十日間、すなわち芒種を六日とすれば六月六日から十五日までのどこかということになる。

長崎の文化人として著名な西川如見（一六四八〜一七二四）は、

> 梅雨の考へ、さまざま説多しといへども、合応すること少なし。暦には五月の節に入て第一の壬をもつて入梅の日とす。数十年已来試み考ふるに、符合すること稀なり。

であるから、暦に頼りすぎて麦の刈り時を誤らないよう、農家の人への注意を、その著『百姓嚢』のなかで記している。昔から暦の入梅の日の当てにならないことは、経験的に知られていて

との壬の日である。
も当然であろう。
暦には掲載されず、あまり取り上げられることもないが、出梅もある。これは六月節小暑のあとの壬の日である。

◈みなづき祓（はらえ）

風そよぐ　ならの小川の夕暮は
　みそぎぞ夏の　しるしなりける

この歌は、涼しい風が吹いて、そよめく楢の木の葉……これを名所である「ならの小川」にかけて……この小川の夕暮れの景色を見れば、風の涼しさに秋のように思われるが、この川辺に六月の末にする祓の様子が見える。この夏越《なごし》の祓こそ、まだ夏である証拠である、というような意味である。

「みなづき」に閏があったら、初めの六月に祓をするのか、後の六月にすべきなのか、けっこう論議されている。たとえば『吾妻鏡』嘉禎元年（一二三五）六月三十日に、来月は閏月であるが、今夜六月祓をなすべきや否や、と有識《ゆうそく》ならびに陰陽道の輩に尋ねたこと、閏月に行うことは明らかなことであるとの回答に添え、和歌にいわく「のちのみそかをみそかとはせよ」との記事がある。

これは閏六月にするのが本当で、この解釈は当然であろう。たとえ閏月でも六月は六月で、六

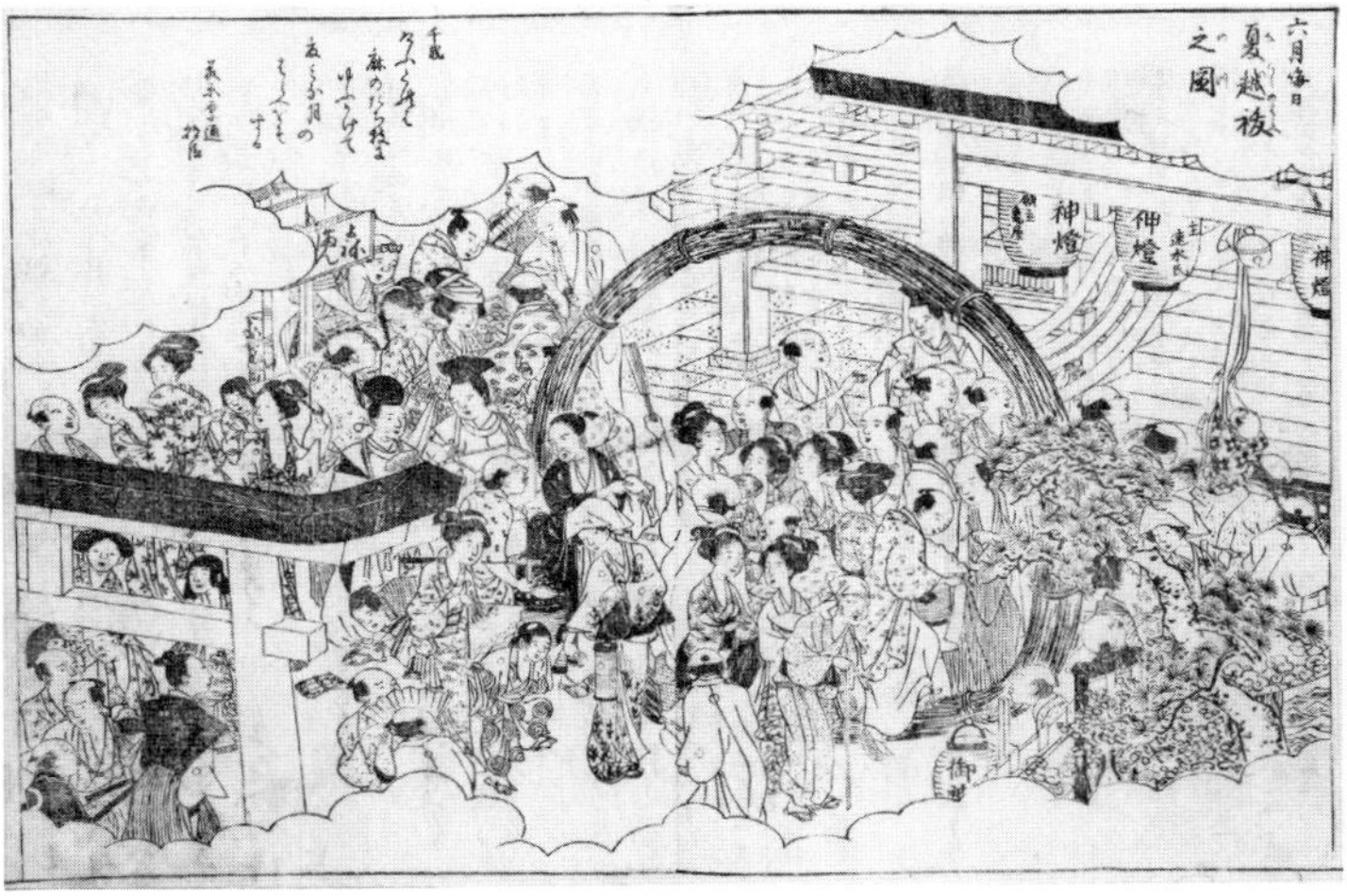

夏越祓『年中行事大成』（国立公文書館蔵）
6 月晦日に行われる穢れを祓う行事。

月いっぱいは夏であるのだから、夏の最後の日にする祓を前の六月にしたら、おかしなものになろう。

本来「身に罪または穢《けがれ》があるとき、河原に出て身を浄め祓うこと」という意味の「みそぎ」が最近では、とかくの疑惑を持たれた政治家が、選挙で再び選ばれることの意味に勝手に利用されることが多い。昔はもっと真面目に行われたもので、清浄な印象もあったけれど、いまでは「みそぎは済んだ」などといわれると、なにか軽薄なにおいがするようになってしまった。これも時代か？　みそぎの神様というのがいるとしたら、さぞ嘆いていることであろう。

この六月祓の儀は、初めは内裏の行事であったものが、平安時代には家々でも行われるようになった。

上記に限らず、六月はらへ、みそぎはよく和歌になっている。『金槐和歌集』の夏の歌の終りには「六月祓（みなづきはらへ）」と題して、

吾国の　やまとしまねの神たちを

けふのみそぎに　手向つるかな

とあるし、『新古今和歌集』にも、紀貫之の、

みそぎする　河の瀬見れば　唐衣
ひもゆふぐれに　波ぞたちける

とある。六月祓は「夏越の祓」ともいい、これには、「邪神をはらひ、なごむる祓なるゆゑに、なごしといふなり」との説もある。

いずれにしても六月の末は、夏と秋の境にあるだけに、かっこうの題材になったものであろう。『古今和歌集』の夏歌は「みな月のつごもりの日よめる」

夏と秋と　行かふそらの　かよひぢは
かたへ涼しき　風や吹くらん

で終っている。

◈時の記念日

『日本書紀』の天智天皇の十年（六七一）の四月二十五日に漏剋とよばれる水時計が新設されて、初めて時を知らせるために、鐘や鼓が鳴らされたという記事が出ている。

一九二〇年（大正九）の五月十六日から七月四日まで文部省が主催となって「時の観念」を市民に植えつけるため「時の展覧会」が東京のお茶の水で開催された。この展覧会の開催中に東京

天文台や生活改善同盟会などが相談して、上の漏刻が初めて使われたとされた日をもって「時の記念日」とすることが決められ、これを毎年行うことにした。

太陽暦の日付に直すと、この日が六月十日となる。この年六月九日、十日には生活改善同盟会は啓蒙のビラをつくり街頭で、千代田高女、日本女子商業、東洋高女、淑徳女学校、東京家政女学校などの女学生たちに配らせた。この時には女学生のみでなく、婦人たちが多く動員されたが、これは生活改善同盟会が婦人や女子教育関係者によって組織されていたからである。

十日にいろいろの運動、街頭宣伝も終って午後六時から九段の富士見軒というところで記念晩餐会が開かれた、その記事が『天文月報』（第十三巻、第七号）にある。時の記念日の会合にもかかわらず、何人かの遅刻者がいて、五分遅れは貴族院の北条時敬氏と内務庁の天野藤男氏……などと名前が挙げられ、最後は時計商の天賞堂主の井沢金五郎氏であった、とある。

そのときのスピーチに「この宣伝によって、東京の人に秒の観念が起きた」あるいは「岐阜の権現山に明治二十九年以来、朝の四時から夜の十二時迄、一日二十一回、一度の休みもなく鐘を打って時刻を報じている奇特者を表彰したい」などの話もあり、また「花柳界に線香というのが、時計の代わりに用いられているが、これが出品されなかったのは時の展覧会の欠点である」という冗談もでたという。

ところで、当時の一般市民はどのようにして（比較的）正確な時を知るかといえば、一般的には正午の大砲の音によっていた。しかしこれでは聞き損なうこともあるし、よく聞こえない地域もある。大砲以外では、近くの郵便局か停車場へ行って確かめるのが普通であった。当時東京天文台の職員で時計などに詳しかった河合章二郎が、その年に調べた結果が残っている。

東京駅　　四秒　進み
上野駅　　正
銀座郵便局　一分　進み
中央郵便局　半分　進み

などなどである。正午の大砲による時報は、明治四年九月から、昭和四年四月三十日まで行われ、そのあと東京では市内三カ所でサイレンが鳴らされた。地方のおもな都市でも大砲の時報が行われた。

音の伝播は一秒三百何十メートルであり、大砲そのものも、それほど正確に鳴らされたわけではなかったから、いまから考えれば呑気な話であり、江戸時代の時の鐘とくらべても格段の差ともいえないかもしれない。

◈時の鐘

江戸時代に江戸で代々、時の鐘役についていたものの記録が書き残されている。その一部を要約してみる。初めにまず、

本石町三町目、時の鐘役源七申し上げます。私の先祖五代以前に蓮宗と申す者がありまして、

奈良の興福寺の喝食《かつじき》（禅宗で食事の案内をする僧）をいたしておりました。恐れながら権現様（家康）がまだ三河においで遊ばされた頃、お謡い初めの御嶋台（おめでたい席に飾る置物、蓬莱島をかたどって松竹梅や鶴亀などを配したもの）などを献上するようにと大久保相模守様より仰せ付けられ、これらを献上したところ、大変御気にいられ、何か望みはないか、とのことで、その節時の太鼓役を願い出た次第で、初めは明け六つ、暮六つばかりを打っておりました。台徳院様（二代秀忠）の御代になって、明け暮れだけでなく、十二時《とき》すべてに鐘を撞くようにとのことで、新規に鐘ができるまで、西の丸の御鐘をお貸し下され、以後十二時鐘を撞くようになりました。

時の鐘（埼玉県川越市）

とあって、以後その鐘が損傷したり、火事にあったりなどの、鐘つきに関する変遷が詳しく述べられており、ずっとこの辻源七の子孫が代々継いでいったことがわかる。

享保年代すなわち吉宗のころの記録を見ると、

一、鐘役銭についでは昔よりのお定めの通り、一か月に永楽銭一文づつ、鐚銭《びたせん》（四文で永楽銭一文）では四文づつ、十二か月に鐚銭四十八文づつ、家持ち一人づつから請取つて参りました。

一、鐘役銭を申し受ける町の数は四百十町で一か年合計の取り高は八十九両一分四百三十文。
一、鐘役銭を掛ける町々は、西は飯田町分麹町十三町目迄、東は三吉町迄南は芝浜松町まで北は本郷六町目迄、及新吉原五町分。
一、鐘役を勤める者は常香盤ならびに時斗《とけい》三組を以て勤めております。

香盤時計

などのことがある。鐘や設備は役所持ちであるから、この収入は当時として決して少ないものではない。けっこういい暮らしができたと思われる。
ところで、ここにある「時斗」がどんなものかはわからないが、常香盤とくらべて特に優れているとは思えない。常香盤とは香時計などともいい、香を灰の中に線状に埋め火をつけ、その燃える時間で時をはかるもので、古い寺院の展示品などで時々見かける。単純な仕組みであるが、慣れた人が注意深く扱えば、細工人が苦労して製作した自鳴鐘などという、時代劇のバックに見かける、いわゆる和時計などより精度はよい。
しかし正確な時刻のもとは太陽である。したがって梅雨どきのように日の出、日の入りを見ることができない日が続くと、時計はだいぶ狂ってくる。明け六つは日の出前二刻半（約三十五分）である。あまり当てにならない時計と空の明るさで判断して鐘を撞くのに必要なのは、しょせん職人芸であった。

天保九年（一八三八）、小川友忠著す『西洋時辰儀定刻活測』という、時刻についての解説本の一節を載せて見よう。当時の実情をうかがうことができる。

明暮六定の事という条に

明暮六つ甚だ定めがたきものなり。先ず六つを定るには、大星パラパラと見え、又手の筋を見て細き筋は見えず、大筋の三すじばかり、かなりに見ゆるときを六つと定む。しかれども所々の習人々の定めようにて、少しの違いはあるものなり。又雨天には暮る丶事早く、明る事は遅く思はる丶ものなり。又月夜には六つ別して定めがたし。是等の細微なる事もよく斟酌すべし。かつ晴天の時、蒙気上天に充満するときは地下の日、映じて暮かぬる事あり。明け又早くあかるくなること有り。是にも永き事あり短き事あり。蒙気高きほど晨昏長し。長きときは二、三刻も違うことあり。尤かようの事は平日無きことなれども心得の為記す。

注　ここの一刻は約十四分

七月

ふづき

◈風の音にぞ……

文月の字を当てることがふつうであるが、その字の由来は、定かではないようで、納得できる説は見えない。七月は孟秋という、すなわち七月《ふづき》からが秋である。歌の世界ではやはり立秋からを秋とするものと、七月一日に秋を迎えるものとの二つがある。結局どの季節もその始まりが二とおりになるのも当然といえば当然といえよう。『古今和歌集』の秋の歌の最初は「秋立つ日よめる」

秋きぬと　めにはさやかにみえねども
風のおとにぞ　おどろかれぬる

であるが、『金槐和歌集』では、「七月一日のあした詠める」として、

きのふこそ　夏は暮れしか　朝戸出の

衣手さむし　秋の初風

となっている。

秋（風）に驚く、という表現は唐の詩に多く見られる例であるという。秋といえば悲傷、断腸、寂寥感に満ちた季節として日本の古典に多くとりあげられているのも、唐詩の影響が強いのであろうか。しかし初めのほうの歌の「おどろく」は「それとなくふと気づく」という解釈が一般のようである。

◈立秋・処暑

前項の秋立つ日とは立秋のことである。立秋は七月節といい、旧暦では六月にあるときと七月にあるときが半々となることは、立春が十二月にある年内立春のときと、事情は同じである。いまの日付では八月八日ごろに当り、七月二十日ころから始まる土用は立秋の前日で終る。七十二候を『天文俗談』より。

立秋は七月の節、秋に成なり。その候「涼風至」とは秋気を催してすずしき風いたるなり。涼風は秋風なり。「寒蟬鳴《かんせんなく》」は蜩《ひぐらし》このころより鳴はじむるなり。寒蟬は蜩なり。「蒙霧升降」とは、此ころより霧のたちのぼり、又は降するをいふ。蒙とは霧気は蒙々と迷《まよう》もの故なり。処暑は七月の中《ちゅう》なり。此ころは残暑となりて、少時不退《しばらくしりぞかざる》なり。故に処暑と云。「綿《めん》柎《ふ》開」はこの頃より綿の柎《はなしべ》ひらきて綿乃ふきそむるなり。「天地始粛《しゅくす》」とは天気漸《ようやく》升り、地気漸く降り粛然として物あらたまり更《かわ》り、万物の実《み》新たに登《みの》るなり。「禾乃登《くわすなわちみのる》」とは穀物此ころはじめて熟するなり。早稲《わせ》などの出来る心なり。

◈土用

二十四節気の大暑は、土用の入りから間もなくになる。この土用の間がもっとも暑いとされており、立秋の声を聞くとホッとするのは、昔もいまも同じであろう。

大暑は二十四節気の一つで暦学上の意味もあるが、土用の方はもとはといえば五行説にもとづく迷信のたぐいで、この十八、九日の間にある丑の日を当て込む鰻やにとって大切であるくらいの意味しかない。

五行説に従うと世の中の何でも五つに分けねばならない。一年三百六十五日を五で割ると約七十二日である。

立春・立夏・立秋・立冬のそれぞれの間が春・夏・秋・冬の四季であるが、その日数はそれぞれ約九十日ある。

その各季節の終りの十八日くらいを土用とするとあわせて七十二日となり、土用の分を差し引いた四季の長さと同じになる。これで一年を四季と土用の五つと数え、めでたく五行に割り当てたことにしたのである。

作暦の上では土用は三月、六月、九月、十二月の節、すなわち清明、小暑、寒露、小寒の日から十三日目と決まっていたが、天保暦以後は、たとえば清明は太陽の黄経が一五度、小暑は一〇五度……のとき、そして四季の土用は二七度、一一七度、二〇七度、二九七度として別々に計算して求めるようになったから、土用の期間が秋と冬は十七、または十八日間、春と夏は十八日ないし、十九日間と一、二日の差が生ずるようになった。

いま述べてきたように、土用は発生の時点では四季それぞれに割り当てられ、年に四回ある。その点は節分と同じである。しかし現在では節分は立春の前日のみ、そして土用は夏のみが知られている。

バレンタインデーやホワイトデーをチョコレート業界や、デパート業界などがうまく売り込んで成功したように、頭のいい鰻やさんが、なんとか理由を考えて年四回、土用の鰻を宣伝すれば売り上げものびるであろうにと思うのだけれど、いかがであろうか?

◈七夕（たなばた）

七月といえば、まず七夕が浮かぶ。三月三日の桃の節句なら、室《むろ》に入れて、無理して桃の花を出荷することもできようが、七夕は星が相手である。天体の動きを左右することはできない。

それゆえ、七夕の行事は太陽暦の七月七日ではなんとしても適切でない。七夕はどうしても旧暦というより、ひと月後れの八月七日の方がよい。

恒星は毎日四分ずつ早く東の空に上がってくる。したがって七夕の牽牛星《けんぎゅう》・織女星《しょくじょ》も、その

七夕祭（広重筆「名所江戸百景」）

間を隔てる天の川も、八月七日の方がずっと空に高く見え、しかも平均的にはしばらく前に梅雨もあがっていて、夜空の観望には条件がよくなる。もっとも最近は夜空も明るくなって天の川など、よほど街を離れないと見られないが。太陽暦の七月七日では本州はまだまだ梅雨のさかりで、澄んだ夜空が見られる確率はきわめて低い。

夜空の観望のこともあるが、そもそも昔の暦では七月は秋の初めの季節であり、七夕の歌は秋の部に属する。太陽暦の七月では、これから本格的な夏が訪れる、その前の時季であって感傷的な秋を歌うには似つかわしくない。やはりその辺は昔の歌の心を理解するうえでも、太陽暦の七月七日では不適当であると認識しておきたいものである。

現在では七夕といえば、笹竹を立て、それに自分の願いごとを書いた短冊を結ぶことが行われている。これは江戸時代に入ってからの風習という。『嬉遊笑覧』（喜多村筠庭《たかにわ》著、文政十三年〈一八三〇〉自序）に、

江戸にて近頃、文政二、三年（一八一九、二〇）の頃より七夕の短冊つくる篠《ささ》に、種々の物を色紙にて張りてつるす。其頃はなべてせしにはあらざりし、只浜町辺の町屋などにて見しが、今は大かた江戸の内せぬ所もなきやうなり。

また『守貞謾稿』（喜田川守貞著、一八三七〜一八五三稿）

には、

今世、大坂にては手跡を習ふ児童のみ、五色の短冊色紙等に、詩歌を書き、青笹に数々之を附け、寺屋と号る筆道師家に持集り、七夕二星の掛物をかけ、太鼓など打て終日遊ぶこと也。

江戸にては児ある家も、なき屋も、貧富大小の差別なく、毎戸必らず青竹に短冊色紙を付て、高く屋上に建ること、大坂の四月八日の花の如し、然も種々の造り物を付るもあり、尤色紙、短尺はともに半紙の染紙也。

此の如く江戸にて此ことの盛なる及び雛祭の昌《さかん》也は、市中の婦女多く大名に奉公せし者どもにて、兎角に大名奥の真似をなし、女に係る式は盛なる也。

とある。「たなばた」とは、棚をつけた機《はた》の意味で、「たなばた」ではたを織る少女を「たなばたつめ」（棚機女）といい、略して「たなばため」といった。

七夕の行事はわが国本来の「たなばたつめ」の信仰と風習に、古く中国から伝えられた牽牛（彦星）・織女（織姫星）の二星の伝説とが結びついたものである。

天の川を隔てた織姫星と彦星の二つの星が一年一度、この夜に相逢うという話は、すでにわが国の有史以前、中国の漢代以後くらいに生まれていたという。

天帝の娘であった織姫は、自分の仕事になっている機織りをいつも熱心にしていたので、感心した天帝は牽牛という牛かいの若者との結婚をゆるした。

しかし二人は結婚すると仕事を忘れ、遊び暮らすようになり、ついに天帝の怒りに触れて、天の川をはさんだ両側に隔てられてしまった。そして一年一度だけ天の川にかかった、かささぎの橋を渡って会うことができる、という境遇におかれてしまった、のが牽牛・織女の物語である。

鵲《かささぎ》はからすよりは小さいが、ふつうのいわゆる小鳥よりは大きく、わが国では北九州で見かける鳥である。私は佐賀城跡の堀端で、このような大きな、そして見かけたこともない野鳥が、あまり人を恐れることもなく、飛び交っていたのに、深く印象づけられたものである（ちなみに鵲は佐賀県の鳥に指定されている）。

中国の古い書物に「七月七日、烏鵲《うじゃく》河をうずめ橋となし、以て織女をわたす」とあり、七夕に牽牛星と織女星が会うために天の川に来ると、鵲が翼を連ねて橋をつくり二人を助けたという。百人一首に「鵲の渡せる橋におく霜の……」とあるのは、禁庭の御殿にのぼる階段を鵲の橋にたとえて歌っているのである。

「ひこぼし」と「おりひめ」星が一年一度相逢う夜という、ロマンチックな伝説は、人の世界の男女の恋に擬《ぎ》せられて、歌に託され、格好の歌題となった。七夕にかこつけた歌は、『万葉集』にもずいぶん多く見られ、後代のどの歌集にもあまたありすぎて、引用のいとまもない。

織姫星は「こと座」のベガという名の星で明るさは〇・〇等星（一等星の二・五倍の明るさ）、彦星は牽牛星ともいい「わし座」のアルタイルのことで、〇・八等星でベガよりは暗い。もちろん二星はともに恒星であるから天空における相対位置は変わらない。

地球から織姫星までは二十六光年、彦星までは十七光年あり、二星の間の距離は約十五光年ほどであるから、一年一度の逢う瀬に、相手と呼び交わす声が、光の早さ（一秒間に二十九万九七九二キロメートル強）で届くとしても、約十五年はかかる。往復して「ハーイ」という返事がくるまでは三十年以上も待たねばならない。そんな野暮な詮索をしていたら、歌作の意欲もなくなってしまう。

『御堂関白記《みどうかんぱくき》』（藤原道長の日記）長和四年（一〇一五）七月七日の条には、「庭中の祭り常の如し」とあり、続く八日、左衛門督《さえもんのかみ》（道長の二男教道のこと）いわくとして、

昨夜二星が会合するのを見ました。その有様は二星各ようよう行きあい、間三丈ばかり……うんぬん

の意味のことが書かれ、このようなことは昔の人々は見たと言われているけれど近代になっては聞いたことがない。そして、「感懐少なからず」と結んでいる。ここに二星の間が三丈（約九メートル）とあるけれど、天体の間をふつうの尺度でいうのは主観的なもので不正確であるから、科学的な表現ではない。

現在では「測ろうとする二つの目標に対する視線が目のところではさむ角度」である角距離というのが用いられている。

しかし尺度で表現する方法は、昔はふつうに使われた。この表わし方はあいまいであるが、昔の人にもおのずから基準はあったようで、一尺が角度の一度に対応していることは唐代の文献に

見られ、わが国でもそれに従っていた。

この基準によれば、三丈は三十度に当る。実際はこの二星の角距離は三十四度である。道長の日記のこの記事は、一晩中目をこらして二つの星を観望しているうちに、なんとなく近づいたように見えたのであろう。決して故意にねつ造した話とも思えない。

◈乞巧奠（きっこうでん）

『続日本紀』の天平六年（七三四）七月七日の条に「天皇相撲戯を観る。是の夕べ南苑に徒御《とぎょ》して文人をして七夕の詩を賦《ふ》せしむ……」とあるが、奈良時代から平安時代にかけては、この日に相撲が行われ、文人たちが詩を披露する宴があった。天長三年（八二六）より相撲のことはほかの日に移され、七日はもっぱら乞巧奠の儀が行われるようになった。乞巧奠はこれも中国の唐の行事が伝えられたもので、巧を乞う、つまり技術の向上を願うことで、織姫まつりの、二星が思いかなって、年に一度の逢う瀬を楽しむ夜というのに託して、女の願いである裁縫の巧みになることを乞い祈る祭りである。この風習は平安時代にもっとも盛んであった。そして裁縫のみでなく、富や長命や子孫の繁栄を願うようになった。

◈日本人と星

昔の日本人は曇り空の多い日本の天候のせいか、生活が貧しかったためか、星に対する関心が乏しかったようである。したがって古典、古記録に恒星の名が出てくることは稀である。『万葉集』の中に見られる星の名は、織姫・彦星のほかではわずかに明星（あかぼし）夕星（ゆうずつ）くらいしかない。あかぼしとゆうずつは、ともに金星のことで暁《あけ》の明星、宵の明星と呼ばれるものでこれは惑星である。

『枕草子』に「星はすばる。ひこぼし。ゆふづつ。よばひ星……」とここでも恒星は「昴《すばる》」とひこぼししかでてこない。ほかの恒星の名など一般的にほとんど知られていなかったものであろう（よばひ星は流れ星のこと）。

恒星と違って惑星の名は『日本書紀』の持統天皇の六年（六九二）七月二十八日の条に「けいこ惑《わく》」（火星）が歳星（木星）に一歩のうちに近づいたとある、のを初め、以後も「太白《たいはく》（金星）鎮星（土星）を犯す」「太白辰星（水星）と相犯す」など多数の記録が残っている。

これら惑星の異常現象と思われるものは、それが支配者や一般になにか災害をもたらすかもしれないという、これも中国わたりの星占い的な思想が強くあったからである。

陰陽頭はこれらの現象が生じると、中国の文献、『天文要録』『天地瑞祥志』などを参照して、それらが何を意味するかを書き記し、密封して天皇に差し出すことになっていた。そのような事情から惑星だけは、よく知られていたようである。

この奏上する文章を勘文（かもんまたは、かんもん）という。たとえば「十一日、戌時《いぬのとき》、太白と歳星と相犯す（相去ること三寸のところ）。『天文要録』にいはく、太白は金をつかさどる精、大将の象なり。歳星は木をつかさどる精、天子の象なり……うんぬん」と現代的な感覚からいえば、わけがわからないことを書き連ねている。

「犯す」というのは中国の古い天文書に七寸（〇・七度）以内とあるが、わが国の文献ではもっと離れている場合にも使われている。また、月は天空を一日に十二度くらい西から東に移動する。したがって遠くにある星をつぎつぎと蔽《おお》いかくす。この現象は星食または掩蔽《えんぺい》という。

◈お盆

最近では八月十五日にお盆の行事が行われる所も多い。民族大移動などと表現され、多くの企業がこの前後に一年中でもっとも長い休暇を設定している。この八月十五日のお盆は決して旧のお盆ではない。

旧暦は月の満ち欠けを基本に作られているから、旧暦のお盆なら必ず満月の日に当る。つまり、お盆のような丸い月があったのである。いまのお盆は月などには無関係である。お盆を旧暦で行うとだいぶ不便で実用的ではない。たとえば旧暦の七月十五日は新暦なら、

	新暦の日付
二〇〇一年	九月　二日
二〇〇二年	八月二十三日
二〇〇三年	八月　十二日

二〇〇四年　八月　三十日

となって、これでは企業は長期計画が立てにくいし、学校は二学期になっていることがしばしばとなる。

『和漢三才図会』の「盂蘭盆《うらぼん》」の条には、

盂蘭は西域の言葉で、倒懸すなわち逆さに吊されるという意味である。盆は食べ物を盛る器で、ここに色々の食物をならべ、三尊に奉り、大衆の恩光を仰ぎ倒懸のゆきづまりを救う。

と説明されている。また、

目連（釈迦の弟子）は、餓鬼道におちて苦しむ自分の母を救うため仏にすがったところ、十万の衆僧の力を借り、また七月十五日には百味飲食のものを鉢にもって供養《くよう》せよ…

との『盂蘭盆経』の話が載っており、この『盂蘭盆経』の話が盂蘭盆会《うらぼんえ》のさかんになったもとといわれる。

『日本書紀』には推古天皇の十四年（六〇六）に四月八日と七月十五日に寺ごとに法要することの記事が見られ、これがもっとも古い文献である。

七月十五日はまた、中元の日でもある。こちらは中国の伝説的な皇帝である黄帝や老子の教えに基づく道教に始まったといわれ、正月十五日の上元、十月十五日の下元と合わせて三元が大切な日とされていた。現在はそのなかの中元のみが行われているもので、中元は七月の満月の日に、それまでの半年間の無事を祝って贈物をするのが趣旨である。

祖先の霊をまつるお盆の行事は、十三日に迎え火をたき、十六日に送り火をたく。墓参りをして故人の霊を慰め、供え物をする。それに対して生きている両親に贈物をする生見玉《いくみたま》の風習も生じ、中元ともまじりあって、七月十五日の行事になった。

商売をする人たちが盂蘭盆に関係なく団扇《うちわ》や手ぬぐいを配る、などから始まり、一般的社交のために中元を機会に贈物をするようになったのは近代のことである。

八月

はづき

◆八月は秋もなかば

日本で使われた太陰太陽暦では、八月は秋分を含む月というのが大切な規則のひとつである。秋分には太陽は天球の北半球から南半球に入る。その瞬間が秋分の時刻であり、その時刻を含む日が秋分の日である。

七十二候を借りれば、八月は、

白露は八月の節気、秋気催し増て露、草葉に白く見ゆるなり。此候「草露白《そうろしろし》」とは、上にいふ意なり。第二候「鶺鴒鳴《せきれいなく》」とは「せきれい」このころよりなくなり。「玄鳥去《げんちょうさる》」は燕かへりさるなり。

秋分は八月の中気、陰陽交代昼夜等分春分の如く、その候「雷乃収声《らいすなわちこえをおさむ》」は此ころより雷ならざるとなり。「蟄虫抔戸《ちっちゅうこをはいす》」とは、もろもろのむし、陰気を恐て土中に伏し蟄《かく》るなり。

各土をもつて穴の口をふさぎ、戸を閉たるがごとくするをいふ。「水始涸《みずはじめてかる》」は、此ころ陰気によつて水気涸《かれ》はじむるなり。

八月は和名では「はつき」といい、ふつう葉月と書いているが、その字を当てる理由についての適切な説明はないようである。

『奥義抄』は「木のはもみじておつるゆゑに葉おちづきといふをあやまれり」

『倭訓栞』「黄葉の時に及ぶをいふめり、西土にも葉月の名あり」

『語意考』「波月といふは保波利月の上下をはぶきいへり、稲はみな八月に穂を張る也」

このほかにも八月には初めて雁が渡ってくるので初来月といったのが略されたもの、などの説もある。いずれもあまり説得力はない。

◈八朔（はっさく）

毎年八月一日に物品を贈答して祝する日で、一名たのみの節といい田の実、または依頼の意味というが、確かな説でもないらしい。

朝廷や幕府がこの式を始めたのは鎌倉時代ごろといわれるが、これが徳川時代に、幕府の重要な行事となったそのいきさつは、江戸の移り変わりを年表体に編纂したものとして定評のある斎藤月岑《げっしん》（嘉永元年自序）の『武江年表』にもとめよう。

江戸時代は天正十八年の八月一日に始まる。『武江年表』は開巻第一頁が八朔で始まっている。

八朔参賀図『徳川年中行事』

今年（天正十八年〈一五九〇〉）八月一日、台駕《たいが》はじめて江戸の御城へ入らせ給へり。そのころは御城の辺、葦《あし》沼潮入等の地にして田畑も多からず、農家寺院さへ所々に散在せしを、慶長に至り始めて山を裂き、地をならし、川を埋め溝を掘り、土民の所居を定め給ひしより、万世不易《ふえき》の大都会とはなれり。しかりしよりこのかた、万民干戈《かんか》の危きを忘れ、鼓腹《こふく》して娯みを極め、泰平の御恩沢に浴し奉るのありがたき事、申すも中々おろかなるべし（中古より八月一日を田の実と号して佳節とす。わけても御打入、今年八月一日なるゆえ、毎年八朔の御祝儀、五度の佳節と等しく、御嘉例となりしとぞ）。

この日、諸大名は登城して太刀、馬代などを献上して御祝いをし、白帷子《かたびら》・長袴を着用したが、閏八月朔日の場合は染帷子半袴であったという。京都においては、幕府より禁裏に馬が献上された。

◈中秋の名月

七月は孟秋、八月は仲秋、九月は季秋というように四季はそれぞれ孟、仲、季に分けられる。八月十五日は、秋の三カ月の真ん中ということから、この夜の空の月を中秋の名（明）月という。

源順《みなもとのしたごう》の歌に、

水の面に　照る月なみを　かぞふれば
　今宵ぞ秋の最中なりけり

ところで、同じ「なか」でも暦月の方の仲秋の仲には「にんべん」がつき、空の月のほうにはふつうの中を用いる。しかし真ん中だから中を用いるといっても、七、八、九の秋の三カ月の間に閏月が入れば、秋が四カ月になって八月十五日も秋の真ん中とはならず、また閏八月があると、本月と閏月と、どちらが中秋の名月かわからない。

月見の宴はどちらで催したものであろうか？　と文献を調べてみても、あまり多くの史料も見当らないが、本月でも閏八月でも、晴れていれば宴を設けたようである。

八月十五夜の月を賞することは、わが国では寛平、延喜のころ（九世紀末〜十世紀初め）からといわれる。『日本紀略』の醍醐天皇の延喜九年（九〇九）閏八月十五日に、

太上天皇、文人を亭子院に召して、月影の秋の池に浮かぶ詩を賦さしむ

の記事がある。

江戸時代の『筆のすさび』（菅茶山著）という随筆のなかに友人の手紙の紹介があり、中秋の

観月が曇って見えなかったことから、「……天気不快、尚閏月は如何と刮目する……」と述べられており、閏月にも観月が行われたことをうかがわせる。

また七月に閏があると、七月が二カ月続くから、いつもの年より八月が来るのがだいぶ遅い感じがして待ち遠しい。そこで、

　ことし丁巳（寛政九年）八月十五夜によめる……七月にうるふありければ、

　　くはゝれる　日数経ぬれば　いとゞ猶

　　　待し今年の望月のかげ　（松平定信）

という気持にもなろうか。寛政九年の八月十五日は、いまの暦では十月四日になる。

さて十五夜の宴にどのようなことが行われたか？　宮中では『後水尾院当時年中行事』によると、

　十五日、名月御さかづき、つねの御所にて参る。まづいも、つぎに茄子を供《くう》ず、なすびをとらせましまして、萩のはしにて穴をあけ……せいりやうでんのひさしに、かまへたる御座にて月を御覧あり、彼の茄子の穴より、御覧じて御願あり。

また宮中の女官の日記である『お湯殿《ゆどの》の上《うえ》の日記』の、慶長九年八月十五日の条を見れば、

　はるる……めい月にて御さか月一こんまゐる。せいりやうでんへならしまし候て、月おがませられ候。

とあるように、毎年たいてい似たような記事がある。『栄花物語』には、

月見の供えもの

康保三年八月十五夜、月宴せさせ給はんとて、清涼殿の御前に、みなかたわかちて前栽《せんざい》うゑさせたまふ。

とある。前栽とは庭に植えた草木である。庭前に草や木を植え、あるいはまた、それを歌に詠みその優劣を競う遊びが平安時代などにはさかんに行われ、前栽合わせといった。

　幕府については『年中恒例記』という書に、

明月御祝、内儀に参る也。茄子きこしめさるる、枝大豆、柿、栗、瓜、茄、美女これを調進す。御いも、御かゆ、茄、大草これを調進す。

の記載がある。庶民については『守貞謾稿』に、

三都ともに今夜月に団子を供す、然れども京坂と江戸と大同小異あり。江戸にては机上中央に三方に団子数々を盛り、又花瓶に必らず芒を挟みて之を供す。京坂にては芒及び諸花ともに供せず……京坂にても机上三方に団子を盛り供すこと、江戸に似たりと云ども、其団子の形小芋の形に尖らす也……。

とみえる。もちろんこのような行事は時代により、地方によりいろいろ違うから、上の話も一例というべきか。しかし八月十五日には芋を煮て食べるから「芋名月」の名があることは、広く伝えられている。

◆満月と名月

望（満月）は、月と太陽が地球をはさんで相対するとき、つまり天球上で太陽と月が黄道の上で百八十度離れているときと定義されているのであるから、満月は日没とともに東の空に上がり、翌朝夜明けころに没する。月の出時刻は平均で一日約五十分ずつ遅くなるから、満月の次の十六《いざ》夜《よい》の月は、日の出の時刻には、まだ西の空に残って見える。そのため十六夜以後の月はすべて有明の月で総括されることもある。

中秋の名月は旧暦八月十五日の夜の月のことという決まりであるが、必ず満月になるかというと、そうもならない時もある。

	中秋の名月	望の日時
二〇〇一年	十月　一日	十月　二日　二十二時四十九分
二〇〇二年	九月二十一日	九月二十一日　二十二時五十九分
二〇〇三年	九月　十一日	九月　十一日　一時三十六分
二〇〇四年	九月二十八日	九月二十八日　二十二時　九分

二〇〇一年では名月の月出時刻は、一日十七時九分で、望の時刻より三十時間近くも前で、この名月はまんまるとは言い難いし、二〇〇三年では十日夜の方が満月に近い。

月は平均で二十九日半で地球を一回りするといっても、早い遅いがある。朔の時刻の平均をとって、かりに一日の正午として考えると、月齢は正午から数えるから、朔日の正午の月齢は〇・

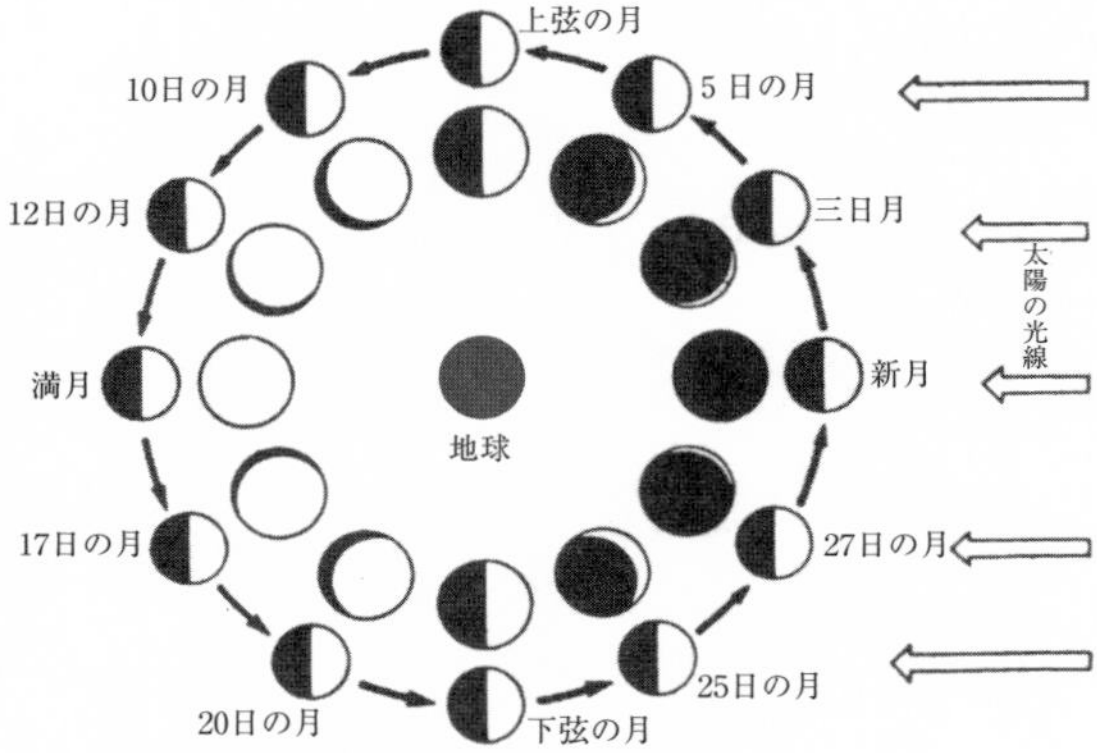

月の満ち欠け図

○である。これに毎日一つずつ加えたものが月齢である。

一日が○であるから、十五日の正午月齢は十四・○となる。これは公転周期の半分の十四・八より少し小さいから、どうしても十五夜（十五日の夜）の方が望の日よりも早くなりがちとなる。

毎日の新聞に出ている月齢は正午の月齢で、小数点以下一桁まででている。このコンマ以下が五より大であれば、旧暦の日付は月齢（の整数部分）に二を加え、五以下なら一を加えた数となる。ちょうど五の場合はその五が切り上げてあるか、切り捨てたものであるかによって違うから、新聞の数字だけでは判断できない。

ところで、何故月齢は正午から測るのか？　例えば二〇〇四年九月二十八日の名月は、翌二十九日の朝午前五時五十四分に西の空に没する。この際、日付は違っても、十五夜の月は沈むまで十五夜の月である。だいたい、天体観測は夜行われることが多い。即ち宵に始め、明け方明るくなるまで続く、ということから、日付の変わる夜半を通じ継続することが普通である。ひとつの観測で途中から日付を変えるのは面白くない、ということから昔の天体暦ではすべて正午で日付を変えていた。これは一九二五年に普通の日付と合わせるまで続けられた。月齢を正午で区切るのはその名残である。

八月とは秋分を含む月というのが旧暦の約束のひとつであることはさきに述べた。したがって中秋の名月の日付は、秋分の近くの満月の日か、その前日あたりを目安として考えればよいことがわかる。

秋が観月に適している理由のひとつに、秋の満月近くでは前日と比べて、月の出の時刻にあまり差がない、ということもある。中秋の名月のころを例にとって説明すると、

二〇〇四年	月の出時刻	前日との差
九月二十七日	十七時　五分	二十九分
九月二十八日	十七時三十二分	二十七分
九月二十九日	十七時五十八分	二十六分
九月　三十日	十八時二十四分	二十六分
十月　一日	十八時五十二分	二十八分
十月　二日	十九時二十三分	三十一分

月の出時刻は平均では毎日約五十分ずつ、前日より遅くなる。それなのに秋は満月近くには毎日、月見に好適な名月の日と、それほど違わない時刻に月が東の空に見える。これをたとえば、二〇〇四年の三月と比べると、

月　日	月の出時刻	前日との差
三月　九日	二十時　十四分	六十八分

三月　十日　　二十一時二十三分　　六十九分
三月十一日　　二十二時三十四分　　七十一分
三月十二日　　二十三時四十七分　　七十三分
三月十三日　　二十四時五十八分　　七十一分

のように秋の倍も差が大きい。これはなにもこの年だけのことではなく、毎年同じ傾向になる。もちろん、朔のころは反対に、秋は毎日の月の出時刻の差が一時間も違うし、春は三十分くらいしか違わない。なぜそうなるかの説明は本書の範囲ではない。

いまひとつ、冬、たとえば十二月や一月（太陽暦の）は満月のころは、これを鑑賞しようと思うと、月の高度が大変高く、南中に近くなれば、首が痛くなるほど真上を見上げねばならない。そこへいくと、中秋の月のころは縁側に座って見えるくらい、空の適当な高さに位置することが、秋の月が昔からめでられるゆえんであろう。もちろん夏と比べれば、気温も適当であることが大切な要因ではあるけれど。『後葉和歌集』に、上のような話を知ってか知らずか、

いかなれば　おなじ空なる月影の
　秋しもことに照まさるらん

というのがある。

さて、十五夜名月の次の晩は十六夜である。いざよいのことはまた、既望あるいは哉生魂《さいせいはく》ともいう。『倭訓栞』には「月の少しやすらひて出るをもて、よひを宵にかよはしいふ」との説明が

あり、また、
十七夜を立待、十八夜を居待、十九夜を臥待《ふしまち》とも寝待ともいひて、廿日は古来廿日の月とよめり。
とも記してある。しかし二十日の月は別に更待《ふけまち》と呼ぶこともある。また、『草盧漫筆』なる随筆に『古今集』の和歌、

君やこん　我や行かんといざよひに
　槙の板戸もささず寝にけり

をひいて、「十六夜の月をいざよひの月といへども、月の出が十五夜よりはすこし猶予あるの意ならんか」と解説している。

◈**放生会**（ほうじょうえ）

捕えられている鳥や魚を山野や池・沼などに放すことである。仏教が広まるにつれて殺生《せっしょう》禁断という考えが一般に高まり、放生が行われるようになった。『日本書紀』の天武天皇の五年（六七六）八月十七日の条に「是の日に、諸国に詔して、放生せしむ」とあるのが初見である。その後、養老四年（七二〇）九州に乱がおこり、その戦で多くの殺生が行われたことから宇佐八幡宮で放生が行われ、貞観五年（八六三）から八月十五日に行われるようになった。京都では石清水八幡宮で盛大に行われた。

『吾妻鏡』をみると、たとえば建久四年（一一九三）の八月十五日「鶴岡八幡宮放生会なり。将軍家御参宮あり、随兵三十人……」とあり、鎌倉幕府が鶴岡八幡宮で行う放生会は幕府の重要な行事になっていたようで、文治三年（一一八七）以後、毎年八月十五日には放生会の記事がある。

天保七年刊の林屋正蔵の「おとしばなし年中行事」という噺《はなし》の一節に、

八月の十五日、いけるをはなすほうぜうゑと、むかしからのならはせだが、鳥をはなすばかがあるから、又うるやつがあつて、とらへて鳥をくるしませる、それにひきかへ、らうじんのあしをたすける、はとのつゑや、はとのつゑ…

とある。このはとのつゑのことは、この噺の別のところに出てくる。

今はむかし、八月十五日の八幡のまつりには、いづれの神社にても、はとのつゑとてうりひさぐものありしが、今はたゑたり。そのころのあきんどのうりごゑ、はとのつゑめさんか…。

放生会の行事は現在でも行っているところもあり、また蒲焼をさんざん食べた罪滅ぼしにと、鰻を川に放したというようなニュースを毎年見るような気もする。

九月

ながつき

◈暑さ寒さも彼岸まで

旧暦時代では九月は季秋、秋の終りの月である。九月節が寒露、九月中は霜降である。いまでは九月の季節といえば、暑い夏が過ぎ、そして夏休みが終っても、まだ残暑の厳しさにやれやれと思う、暑さ寒さも彼岸まで、早く涼しい秋にならないかと思う時期である。

旧暦九月の季節を知るために、ここで七十二候を引用しよう。

寒露は九月乃節気、陰気増長して露さむくなるなり。その候「鴻雁来《こうがんきたる》」は雁北地より来る。所謂初雁《いわゆるはつかり》なり。「菊花開」は菊のさきそむるなり。「蟋蟀在戸《しっそくこにあり》」とは「きりぎりす」戸中に入なり。今云イトド（きりぎりすのこと）なり。霜降は九月乃中気。此ころ、はつ霜ふるなり。その候「霜始降」は上の意におなじ。「霎時施《しぐれときどきほどこす》」とは時雨をりをりふるなり。「楓蔦黄《ふうかつきなり》」は楓《かえで》または蔦《つた》の葉など黄葉《おうよう》する也。

九月の和名は「ながつき」で「長月」の字を当てるのがふつうである。この意味については「夜ようようながきゆゑに、夜ながつきという」に類した説が有力のようである。

◈二百十日

旧暦時代には、立春から二百十日目といっても、何月何日という日付はその年によってずいぶん違ったので、少しは意味もあったかもしれないが、太陽暦では九月一日ごろと決まっており、違っても一、二日である。

二百十日の新旧の日付の対称

太陽暦	旧暦
二〇〇一年九月　一日	七月　十四日
二〇〇二年九月　一日	七月二十四日
二〇〇三年九月　一日	八月　五日
二〇〇四年八月三十一日	七月　十六日

のようになる。

立春から数えて二百十日目に暴風雨になるという、そのような根拠はなにもないわけで、ただ太陽暦の九月から十月ごろに、もっとも多く台風が本土に接近するという話にすぎない。もちろん他の迷信的暦注と比べれば、この方が有意義ということはいえたであろう。

かの蒙古軍が博多湾に襲来し、台風と考えられる、大暴風雨にあって壊滅したのは弘安四年（一二八一）七月末で、二百十日より十日ほど早い。

ほとんどの暦注が中国渡りのなかで、この二百十日は八十八夜や彼岸とともに、日本製の暦注である。この暦注が最初に暦に記載されたのは明暦二年（一六五六）の伊勢暦である。それ以外では丹生《にう》暦と京暦に載ったくらいであった。

貞享《じょうきょう》改暦に際し、従来地方暦ごとに、まちまちであった暦注を、改暦の責任者渋川春海《しぶかわはるみ》は、全国的に統一し、その最初の貞享二年暦で、この記載を廃止してしまった。おそらく中国や日本の古い文献にもない暦注はこの際整理すべし、と判断したものであろう。渋川春海の弟子の谷秦《じん》山《ざん》の書いた『壬癸録《じんきろく》』に（原文は漢文）、

> 八十八夜、二百十日、改暦の始めこれを注さず。伊勢の船長、奉行所に訴えていわく、八十八夜を過ぎて天気始めて温に、海路もおだやかに、二百十日の前後、必ず大風あり。船師は皆、知らざるべからず。願わくば、御暦に注せよ。暦は民用に便なることが優先す。故にまたこれを注す。

とある。この船師の意見は、伊勢暦師より伊勢山田奉行の岡部駿河守を通じて願い出され、翌貞享三年暦からまた記載するようになったものである。これが記載の根拠とされている。「その前後」と日のずれを許容している暦注も珍しい。

◈重陽（ちょうよう）

九月（ながつき）といえば五節句のひとつ、重陽の九月九日に触れることになる。前日の夕方、菊の花に綿をかぶせ、九日の朝、朝露にぬれたその綿を先輩や親しい人と取り交わした。この露にぬれた綿で肌をぬぐうと老いを去るといわれ、このみやびた風習は、平安時代の女房社会でさかんに行われた。『枕草子』にも、

九月九日はあかつきがたより、雨すこしふりて、菊の露もこちたく、おほひたる綿などもいたくぬれ、うつしの香ももてはやされて……

とあるし、『紫式部日記』には寛弘五年（一〇〇八）九月の条に、藤原道長の妻（源倫子）が式部に老いを拭い棄てるようにと、朝露にぬれた菊のかおりの濃い綿をおくった話がある。これに感激して式部は

菊のつゆ　わかゆばかりに　袖ぬれて
　花のあるじに　千代はゆづらむ

の歌を返している。

九月九日のことは『日本書紀』の天武天皇の十四年（六八五）九月九日の条に「天皇旧宮の安殿の庭に宴す……」とあるのが初出である。年中行事に深い関心をもった、嵯峨天皇の弘仁五年（八一四）ごろよりさかんになったようである。「年中行事歌合」に、

九月九日せちゑにて侍れば、菊の花のゑんをおこなはれけるなり。此重陽と申は、九をば陽

数なるよし易にも申すなり。月も日も九なれば重陽といふなり。

とあるように、陽の数の最大の九が重なるめでたい日に当るということである。平安時代の宮廷ほどではなくとも、幕府や庶民にも行われた。

『浪花の風』に、

重陽には栗、柿、葡萄を賞玩す。家々に儲置て、来る人毎に出してもてなしとす。烹物《にもの》には必ず松菌（松茸のこと）を用ひ、魚類ははもを用ること通例なり。

と大坂における様子が述べられている。

六日のあやめ、十日の菊、つづめて「六菖十菊」という言葉は五月五日に必要な菖蒲は六日では間にあわないのと同様に十日の菊ではあとのまつりで、間にあわないことに使われるゆえんである。

ただし九日過ぎの菊でも間にあうこともある。古くは十月五日に残菊の宴というのが行われたことが文献に見える。『公事根源』に、

昔、菊花ゑんは九月九日にて、又残菊のゑんとて、十月五日に行はれし也。是も群臣詩を作、酒をたまふこと、重陽に同じ。

◈九月十三夜

九月十三日の夜の月を十三夜といって、月見の宴が行われ、いまも地方では続いている所が多

月見『大和耕作絵抄』

い。

八月中秋のところで、秋が観月に適していることに触れてきたが、また別の観点より述べてみよう。

『清閑雑記』という江戸時代の随筆に中秋の月がいつも曇ることについて、中国の詩人の吟「一年一度中秋の夜。十度の中秋九度はくもる」を引用しているが、中国ならずとも、日本でも中秋のころは月がよく見えるような好天に恵まれることは、滅多にない。十三夜のころの方がずっと晴れの確率は高い。日本だけの風習という十三夜の月の鑑賞も、そのような気象条件から生まれたものであろう。

「霜軍営に満ちて秋気清。数行の過雁、月三更……」という有名な漢詩は、天正二年（一五七四）八月、能登の陣で七尾の城を九月十一日に攻め落とし、その十三夜に明月を見て、上杉謙信が作ったものといわれる。

この詩に三更とあるが、この更とは暮六つ（午後六時ではないことは前に述べた。年間を通じ日入後三十五、六分のころ）から明け六つまでの夜の時間を五等分したものをいい、夜だけに使われた時刻の区分法である。ふつうに使われる「いっとき」は同じ時間を六等分したものであるから、一更は一ときの一・二倍の長さになる。
三更の真ん中が夜半の〇時に当る。

『鄰女晤言』（釈慈延著、享和二年〈一八〇二〉刊）に、

九月十三夜は婁宿《ろうしゅく》にあたれるによりて、晴明なるよし、徒然草に書たれど、さにあらず。ただ何となく、寛平（八八九〜）の帝、九月十三夜のこよなう晴なりし年、興ぜさせ給ひて仰せられし事よりおこれり。中右記に曰く「保延元年九月十三夜、雲浄く月明なり。是寛平法王今夜明月無双の由仰出され……仍我朝九月十三夜を以て、明月之夜となす」

ここに『徒然草』うんぬんとあるが、これは『徒然草』第二百三十九段にある「八月十五日、九月十三日は婁宿なり。この宿清明なる故に、月を翫《もてあそ》ぶに良夜とす」による。しかし婁宿に月があるからといって晴れる根拠はなにもない。婁宿は中国の星座である二十八宿のひとつで、牡羊座の頭にあたるα、β、γの三星に相当する。『中右記』は右大臣藤原宗忠の日記。

久須美祐雋《ゆうせん》が大坂町奉行在職中（安政二年〜）に見聞したことを筆にした『浪花の風』には、

月見には団子を製すること江戸と同じ。しかし汁烹にすることは稀なり。きなこ又はあんを附て食ふ。芋を賞玩す。故に十五夜の月を賞して芋名月といふ。十三夜には団子を製することとなし。うで豆一式を多く調へ置て家内・下女・下男迄に多く是を食はしむ。故に十三夜の月を市中にて豆名月といふ。

と記されている。閏月のことを後の月ともいう。九月に閏があると十三夜が二度ある。そこで、「ことし月三夜見よ後の後の月」というのがある。後はあとの名月と閏の双方にいえるわけである。

ところで、月の鑑賞とはいささか違う余談である。

天平七年（七三五）四月、吉備真備が大衍暦経《だいえんれきけい》やその立成（計算に必要な数表）十二巻を持って帰国した。

そのころまだ唐に残っていた阿倍仲麻呂が、のちに再び渡航してきた真備らと今度はともに帰ろうとした、その送別の宴の際、浜辺で月をながめて望郷の念から詠んだといわれる歌は「百人一首」にあって有名である。

天の原　ふりさけ見れば　春日なる
　三笠の山に出でし月かも

このことは、『土佐日記』に、

二十日の夜の月出でにけり……昔阿倍仲麻呂といひける人は、唐土《もろこし》に渡りて帰り来ける時に、船に乗るべき所にて、かの国人《くにびと》、馬のはなむけし、別れ惜しみて、かしこの漢詩《からうた》作りなどしける。飽かずやありけむ、二十日の夜月出づるまでぞありける。

とある。船出したのち嵐に遭い、ついに再び故国の山をみることなく七十三歳で長安に没した仲麻呂の話は、この歌とともに人びとの涙を誘う。もっとも『土佐日記』にでてくる歌は「天の原ではなく「青海ばら　ふりさけ見れば……」である。

十三夜でなくとも、なにかと月はいろいろの想いをもって眺められる。蜀山人の狂歌に、

田舎から出てきた中間《ちゅうげん》のこころ

もろともに　あはれと思へ　お月さま
国のなじみは　おまへひとりよ

同じ郷愁を扱った歌でも、こちらはカラッとしていて、さすが蜀山人と感心したものの『元文世説雑録』（享保～元文ごろ、編者不明）の中に、

もろともに　哀れとおもへ　しちやどの
おみよりほかに知る人もなし

の歌が見え、こちらの方が時代がだいぶ古い。いずれにせよ、本歌は百人一首（もろともにあはれと思へ山桜　花よりほかに知る人もなし　大僧正行尊）にあることは確かであろう。

『徒然草』には、

秋の月は、限りなくめでたきものなり。いつとても月はかくこそあれとて、思ひ分かざらん人は、無下に心うかるべき事なり。

と書かれているが、いずれにしても昔は月にそれぞれの思いが寄せられたことは、いまの人の想像以上であったのではないだろうか。

十月

かみなづき

◈秋の日はつるべおとし

和名は「かむなづき」。孟冬といい、冬の始まりであるが、まずは太陽暦の十月の話をする。太陽暦で十月といってもまだ秋分を過ぎて一週間あまり、暑さはずいぶん残っているが、この時期一番目立つのは、日の入り時刻が早くなることである。秋分に近い九月二十日ごろはまだ十七時四十分より遅い日の入り時刻が、十月の末には、十六時五十分にもう太陽は沈んでいるという具合である。

十月の一カ月で四十分も早くなる。これがやはり秋の心細さを感じさせるひとつの要因となる。このころは「日が短くなった」という言葉がよく使われる。これはなにも昼間の時間が夜に比べて短くなった（それも確かにそうであるが）というより、日暮れが早くなった、すぐに暗くなるという意味で使われる。それに対して日の出の時刻の変化は早起きの人しか気がつかない。

「秋の日はつるべおとし」という言葉がよく使われる。釣瓶《つるべ》といっても実際に見た人も少なくなったこのごろであるが、時代劇での長屋の井戸端会議にはよく出てくるから、画面では見ている人は多いであろう。

井戸から水を汲み上げた桶、それがつるべというものであるが、水をあけて空になった「つるべ」を井戸の底へ落とす。さっと落ちるその早さを、秋の日の沈む早さにたとえる言葉である。

実際に、秋の日はそんなに早く沈むのであろうか？　確かに秋分のころを中心として、その時季は、天球上で太陽の通る軌道である黄道が、地平線に対して、もっとも立っている状態にある。そのため、地平線からの高さが同じときを基準として、日没までの時間を考えるとき、かりに夏至のころなら四十分かかるところが、秋の早い時だと三十四分くらいで沈む勘定になる。早いことは確かである。

しかしこの現象は春分のころでも同じであるが、春には気にされていない。秋は上の事情と、毎日どんどん日が短くなるという心理的影響とが重なって「秋の日はつるべおとし」という言葉が生まれたのではなかろうか？

春は日が長くなり、のどかな時期で、心細い秋と違って人はあまりそんなことを気にしない。人間心理の微妙なところといえようか。

当然のことであるけれど、秋は（春も）冬や夏より日が落ちてから暗くなるまでも早くなる。

以上の説明では東京の時刻を例にとってきたが、もちろん全国どこでも、傾向は同じである。

たとえば日の出入時刻にしても、札幌では九月二十日には十七時三十八分ころの日没が、十月末には十六時半にはもう日は沈んでいるということになる。

反対に日の入り時刻がどんどん遅くなるのは二月で、確実に毎日一分ずつ日が長くなる。日が長くなり梅も満開になって、春近しが実感されるのである。

◆かみなづき

十月を「かみなづき」と呼ぶことは『日本書紀』以来定まっていても、その意味や漢字はいろいろである。もちろん、そのことはどの月にもいえることであるが、ここでは、かみなづきの諸説に触れてみよう。

一般的には神無月が当てられ、諸国の神様がこの月は出雲に集まって、出雲以外はどこの国も神様が留守であるから、との説明が多い。たしかに『奥義抄』の、

> 天下のもろもろの神、出雲国にゆきて、こと国に神なきがゆゑに、神なし月といふをあやまれり。

というのがそれである。しかし『徒然草』(二百二段)では、

> 十月を神無月と云ひて、神事に憚《はばか》るべき由は、記したる物なし。本文(もとぶみ)も見えず。但し、当月、諸社の祭なき故に、この名あるか。この月、万(よろず)の神達、大神宮へ集り給ふなど云ふ説あれども、その本説なし。さる事ならば、伊勢には殊に祭月とすべきに、

その例もなし。

といっており、また『語意考』では、「雷がならないからかみなし月……昔は雷をかみといへり……」。また『倭訓栞』は、「神嘗月なるべし、我邦の古へも西土にも、神嘗祭は十月なりしこと、その証多し」としている。

二十四節気では十月節が立冬、十月中が小雪である。立春、立秋と比べると歌題としては、立冬はあまり使われない。『新古今和歌集』には「初冬のこころをよめる」として、

おきあかす　秋のわかれの　袖の露
　霜こそむすべ　冬や来ぬらむ

が冬歌の最初にあるが、『古今和歌集』の冬歌の初めには特に初冬を歌ったものはない。しかし秋の歌のなかに、

神な月　時雨もいまだ　ふらなくに
　かねてうつろふ　神なびのもり

陰暦十月に降るという、時雨もまだ降らないのに、その降るまえから紅葉している……神なびのもりは神のいますもりで、竜田川に沿う三室山（神南備山）のことであるという。そして、この歌のあとに、

ながら月のつごもりの日、大井にてよめる
夕づくよ　小倉の山に　なく鹿の

こゑのうちにや秋はく（暮）るらん

の歌があり、ここで秋の歌は終り、冬歌になる。その冬歌の最初が、

竜田川　錦おりかく神な月

しぐれの雨をたてぬきにして

錦は紅葉のたとえ、おりかくは織ってかける、たてぬきはたて糸と横糸。すでに述べてきたように、暦月としたら、かみな月（十月）は冬であるが、その歌が秋の歌の中に入れられているのは、この歌は立冬まえに詠まれたということ、であろうか？　歌の門外漢には微妙なことはわからないが、暦の方から考えれば、ほかに解釈はできない。

『金槐和歌集』は、十月一日よめる

秋はいぬ　風に木の葉は　散はてて

山さびしかる　冬は来にけり

が冬部の初めに置かれている。確かに十月一日は冬と詠んでいる。江戸時代後期の国学者である山崎美成の随筆にも、

神無月ばかり雨ふりたる夜半、火桶をかこみて書よみゐたりしに、木枯しの窓うつ声の……。

とあることからも、神無月は今の十月にはほど遠い。

例にしたがって『天文俗談』より七十二候を引用すると、

立冬は十月の節気、此日冬たつなり。「山茶《さんちゃ》始開」とは「つばき」の花はじめて咲なり。「地

始凍」は寒気に閉塞して地気氷《こお》るなり。「金盞香《きんさんこうばし》」とは今云金銭花のはな香しき也。小雪は十月の中気、雪すこしく降なり。その候「虹蔵不見《かくれてみえず》」とは陰陽乃気わかれて陰気盛なり。故に虹の気伏《ふく》してたらざるなり。「朔風払葉《さくふうはをはらう》」は木の葉をとしの風ふきて木の葉ちりはつるなり。朔風は北風なり。「橘始黄」とは柚・蜜柑乃るい色付黄になるなり。

◈ 亥の子

昔の十月の行事としたら、いまではあまり聞かない玄猪（ゐのこ、またはごげんじょうともいう）がある。十月の亥の日に亥の子餅を作って祝ったという。

中国の風習に十月亥の日に餅を食べれば一年中病を避けられる、という故事がある。わが国では平安時代の初めころより始まった風習のようである。

冬の寒さに向かっての健康を保ち、また猪の多産にあやかろうというものである。

寛平二年（八九〇）二月三十日の『宇多天皇記』に、「十月の初の亥の日餅等、俗間に行来、以て歳事と為す」とあり、このころ民間の風習を宮廷行事として取り入れたものであることがわかる。

『源順集』に天元元年（九七八）の十月、

初の亥の日、右大臣殿の女御《にょうご》の火桶にもちゐ、くだものもりて、うち（内裏）の女房どもにつかはす。ついでに大臣殿にも御ひをけひとつたてまつらせ給ふ。しろがねの亥子、亀のかたなどつくりてすへさせ給へる。
として添えた歌、
　わたつみのうきたるしまをおふよりは
　　動きなき世ぞいただけやかめ
　亥の子餅を亀の形に造り、和歌を添えるという行事だったことがわかる。
　平安時代には初めの亥の日に行っていたが、室町時代よりは中の亥の日、江戸時代には始めの亥の日に菊と忍（しのぶ）の葉と小餅、中の亥の日には紅葉と忍の葉、終りの亥の日には銀杏と忍の葉に小餅を添え、包み紙に包んだという（『新修有職故実』）。
　江戸時代初期の著名な儒学者である林羅山の『梅村載筆』には、
　亥の子を内裏にては御厳重といふは、其式をうつくしく飾れるゆへの義にや。其夜土器に紅白黒の三種の餅を盛て、御前に備へ置を内々の衆出てこれを玉はる。天子手づから取て敷居の上に置、ゆびを以てはじき落させ玉ふ。それをいただくなり。上官の人に玉ふには、そとはじき玉ふ。下官或ひは若き者に賜ふ時には、つよくはじき玉ふゆへに、其餅ころころところびて遠

亥の子『難波鑑』（国立公文書館蔵）

くのき、又は燭台の下などへまろび入ゆへに、物受の人あはてて取かぬるなり。親王大臣以下、其外外様の人々は、翌日長橋殿へ受に遣はすなり。

と、当日の宮廷内の様子が描かれている。『東都歳時記』には、

玄猪御祝儀、諸侯申《さるの》中刻御登城、大手御門、并に桜田御門にて御篝《かがり》を焚せらる。

とあるが、亥の日の規式は亥の刻（夜九時前後が亥の刻の初め）に行うから篝火《かがりび》も必要となる。この日、将軍は大広間で手ずから鳥の子の五色餅をとり、諸大名に与えた。身分の下のものは将軍が軽く撫でた餅を頂いて退出した。諸大名もまた自分の屋敷で同様のことをしたという。

大田蜀山人は『松楼私語』で、

十月玄猪、ぼたもちを食はしむ。二季の彼岸も同じ。玄猪には又著物をきること也。

と簡単に触れている。要するに庶民にとっては、ぼた餅を食べる日であった。

また江戸ではふつう、この日に囲炉裏を開き、火鉢や行火《あんか》を出した。前出『松楼私語』は江戸は新吉原の松葉楼のしきたりを書いてある書であるが、「火鉢は十月ゐびす講よりだし、正月夷講にしまう」とあるから、別の習慣もあったのであろう。

異説としたら『貞丈雑記』に、

猪の子の祝は摩利支天の祭り也、摩利支天は猪に乗り給ふ故、猪の神共云。猪は摩利支天の使者也。故に亥の月の亥の日に摩利支天を祭りて運を祈ると云一説あり、依て武家専祝ふ也。

というのがある。月に付けられる「えと」では十月は亥の月である。十一月が子の月、十二月が

丑の月、正月が寅の月であるから、順次数えて十月が最後の亥の月になるのである。日や年につける干支は順送りにつけられるから、それにつく十二支は毎年違っていくが、月につけられる子、丑、寅……は固定していて毎年同じである。

一月 むつき　二月 きさらぎ　三月 やよい　四月 うづき　五月 さつき　六月 みなづき　七月 ふづき　八月 はづき　九月 ながつき　十月 かみなづき　十一月 しもつき　十二月 しわす

十一月　しもつき

◆改暦

中国から暦法が入って以来千二百年、暦法の名前は変わっても、太陰太陽暦がずっと使用されてきた。それを廃して太陽暦に変えると布告されたのは、明治五年十一月九日であった。このころはまだ国民の大部分は、太陽暦の存在すら知らず、まして改暦の必然性など皆目《かいもく》理解していなかった。

それにもかかわらず、明治政府は突如として、従来の太陰太陽暦を廃止して、本年十二月三日をもって太陽暦の一月一日とする旨の改暦の布告を発表した。

この布告の日を入れても、わずかに二十三日で、改暦という、生活に密着したことについての改革を、このような短期間の予告で行うという無茶さ加減である。

この無茶な改暦を強硬した主な理由は、財政上から来ている。文明開化に伴い、日本も早晩諸外国と同じ暦を使わなければならないことは明らかであった。旧暦では明治六年には閏月が六月に入るので、一年が十三カ月になる。当時の国の収入は米が主であり、毎年一定である。すでに官吏の月給制を採用していた政府としたら、その一カ月分を余分に用意することは、財政上由々しい大事である。これに気付いたことが、改暦を急ぐ最大の理由であった。この改暦で官吏はあてにしていた、来年の閏月の分を失った。さらに十二月三日をもって、六年の一月一日とする、としたのであるから、十二月は二日しかない。これについても「当十二月は朔日、二日別段月給は賜らず」という一片の太政官のお触れで物入りの多い十二月の月給までフイになってしまったのである。いま述べたように、明治五年は十二月二日限りで三日からは太陽暦であるから、この年、すなわち明治五壬申の年の正式の日数は三百二十七日しかなく、わが国の歴史上一番短い一年といえる。

現在でも人民軽視の風潮が残っているわが国のこと、当時はまことにひどいものであった。このような国民生活に深く関わりあいのある改暦を、太陽暦に対するなんらの啓蒙もなしに実施してしまうのであるから、相当なものである。

しかもこれは東京の話で、地方では京都ですら一般に改暦が公表されたのは十一月の十七日であったというから、不便な地方では当然さらにずっと後れていた。遠隔の地では新暦の正月になっても暦本が入手できなかった。

したがって、新暦の反対運動もかなり活発に行われた。明治初年にはもと武士たちの不満も多く、各地で暴動がおこったが、改暦反対もその暴動のスローガンのひとつになったのも当然である。

当時お役所自体が、どの程度暦に対して理解していたかの一例として、

　旧暦中下段無稽《むけい》ノ事ヲ廃セラレ候処、七曜日ヲ載セラレ候ハ、何ノ用ト可心得哉、右及御問合候也。

と秋田県から文部省宛に質問が寄せられている。「中下段無稽ノ事」とは改暦に際して、根拠のない荒唐無稽で有害なものとして廃止された中下段暦注（迷信事項）のことである。地方の役人たちには、それら日の吉凶を示す迷信と曜日との区別も、理解されていなかったことを示している。

この明治六年二月二十日の質問に対する文部省の回答には「七曜日は右陽暦之要用、尚陰暦の干支の如し」とあった。このような不親切な説明では、それを受け取ったほうもあまりよくわからなかったことであろう。曜日のことが、実質的に理解できたのは三年のちの明治九年三月十二日、

　来る四月より日曜日を以て休暇と定む。従前一、六の日休暇の処、四月より日曜日を以て休暇と定められ候条、此旨相違し候事。但し、土曜日は正午十二時より休暇たるべきこと。

の太政官達《たっし》二十七号によってであろう。これとても、お役人だけの話である。役人は今まで一の日と六の日、つまり五日に一日の休みが、七日で一日半になったということであっても、庶民

にはそんなに休暇のなかったことは明らかである。

それはさておき、確かに新暦には毎日の曜日が記載されたが、太陽暦改暦の達しのどこにも曜日についての説明はない。

干支は中国で三千年以上もの昔、これが日付につけられてから、ずっと連続しているし、曜日の方も、次第に一般に普及した四、五世紀のころから中断することなく連続している。この点はまさに「干支のごとし」である。

シーザーの制定した太陽暦、ユリウス暦では一年の長さを、三百六十五日と六時間としたために、千三百年ほどの間に、四世紀ころには三月二十一日であった春分が三月十一日になってしまい、それが原因でグレゴリオ改暦となった。

日本では貞観《じょうがん》四年（八六二）から使っていた宣明暦《せんみょうれき》の一年が三百六十五日と五時間五十三分余りで、本当の一年より約四分余大きかったので、八百二十三年の間に、実際に日が一番短い日より、暦の冬至の日の方が二日もあとになり、宣明暦は「天に後るる事二日」といわれて改暦を迫られたのであった。

この時までに日本では元嘉暦・儀鳳《ぎほう》暦・大衍《だいえん》暦・五紀暦・宣明暦とたびたび改暦があったが、それらは中国から新しい暦法が輸入されると、それに従っただけのものであった。しかし宣明暦のあと、中国との正式の国交が絶え、新しい暦法も入らず、またわが国の学問もすっかり衰えていたので、宣明暦がじつに八百二十三年間も使われることになったのである。

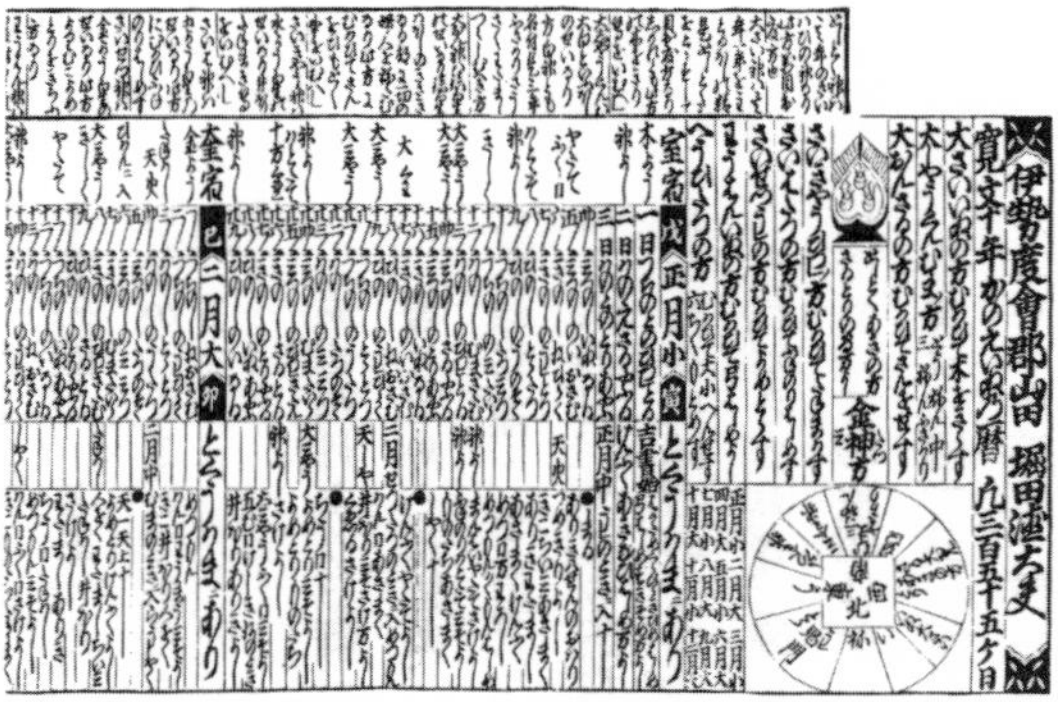
寛文10年の宣明暦（国立天文台蔵）

江戸時代も落ち着いた元禄時代の少しまえになって、ようやく渋川春海により、日本初の独自の暦法である貞享暦が考案され、改暦が八百年ぶりに行われた。

その後も宝暦《ほうりゃく》暦・寛政暦・天保暦と、改暦はたびたび実施されたがそのうち、画期的なのはこの貞享改暦と太陽暦改暦の二つであろう。しかし貞享暦といえども太陰太陽暦であることには変わりはなく、特に混乱や、まして反対などありえようはずもないものであった。

◆霜月（しもつき）

十一月の和名は「しもつき」で、ふつう霜月の字が当てられるが、霜がさかんに降りるから、というのがその理由である。有力な異説はない。

七十二候を紹介しよう。

大雪は十一月乃節、このころ雪大にふるをいふ。その候に「閉塞成冬《へいそくふゆとなる》」とは此時節は人も戸窓を閉、もろもろの虫も土に入て戸を抔《はい》し、陰気盛に陽気蟄伏《ちつぷく》し万物みな閉塞《とじふさがる》なり。「熊蟄穴《あなにちっす》」も此ころより熊穴に入て陰気を避て出ざる也。「鱖魚群《けつぎょむらがる》」は妾魚《おこぜ》むらがりみるなり。

冬至は十一月中気、一陽来復乃とき、日輪南至の極、冬のいたり天の一歳乃はじめ也。「乃東生《ないとうしょうず》」は夏枯草、此節はゆるなり。「麋角解《びかくげす》」とは麋《かもしか》乃角おちて、かはるなり。「雪下出麦《せっかむぎをいだす》」は麦生じて、雪の下に出るなり。

二十四節気は中国の気候をもとに作られているので、日本の風土に合わない点があるのは当然である。そのもっともなるものが小雪・大雪であろう。

大雪は太陽暦で十二月の七日ころで、『理科年表』で調べても初雪の平年値が十二月初めより早い地点は、北海道・東北・北陸・山陰および信州地方くらいで、東京・京都・大阪・名古屋など昔から人口の多かった地方はいずれももっとあとになる。

初雪でそうであるから、まして大雪は不適当である。少なくとも一カ月は遅らすほうが適当といえよう。

◈冬至

旧暦ではその計算の基準を冬至に置いていて、その冬至を含む月を十一月としていた。すなわち毎年の暦は、そのとき施行されている暦法にしたがって、前年の冬至（これを天正冬至という）の日時、月齢を求めることから始めた。

同じ二十四節気といっても、中国流の太陰太陽暦においては、冬至は特別の意味があり、他の二十三の節気とは異なる扱いをすべきものであった。

朔旦冬至といって冬至が十一月一日に当ると特別に儀式が行われた。暦法を改めるときはまず冬至の日時を観測し、冬至から次の冬至までの時間を算定し、一年の長さを決めて、それを基本に暦法を組み立てた。

毎年の暦を計算するときも、前年の冬至の日時をまず求め、順次に毎月の朔を計算していった。

冬至は太陽がその軌道である黄道の上で、春分から二百七十度の点にあるときである。この日は太陽は天球上でもっとも南にあるから、その南中高度は一年中で一番低くなり、したがって影の長さがもっとも長くなる。

中国では昔、この影の長さが最長になるときを冬至と決めていた。そのために冬至のいく日もまえから、冬至後も何日もの間八尺の棒を立て、その影の長さを精密に計測し、比例計算を使って影の最長になる時刻を算定したのである。そして何年も測定を重ね、引き続く冬至と冬至の間を一年の長さと決めた。

一年の長さは、一朔望月の長さとともに、新暦法を作る際のもっとも基本的な数値となる。

ご存じのように冬至には日中の時間がもっとも短くなる。しかし日の入り時刻は十二月六日のころがもっとも早く、日の出時刻は一月の五日ころがもっとも遅い。

その原因は、太陽が赤道の上でなく黄道上を動き、その黄道がまた円ではなく楕円であることによる。

◈御暦の奏（ごりゃくのそう）

平安時代初期の法典である『延喜式』に、当時の暦に関する規定がある。暦の製作は中務省のもとにある陰陽寮の暦博士の職務であった。

暦博士は規定の時日までに、御暦（天皇用）・頒暦用の原稿を作って陰陽寮へ提出する。その原稿をもとに、陰陽寮の職員が暦を書き写し、装丁するのである。寮ではあらかじめ料紙・墨・筆等の用具や人員を手配しておいて暦を作成し、毎年十一月一日に天皇用の御暦上下二巻、頒暦（こちらは一年分一巻）百六十六巻を奏進した。

この日、天皇が南殿に出御され儀式が行われた。これを御暦の奏といった。『延喜式』にも決められているこの儀式は往時は盛大に行われたが、後代に至って簡略になった。

頒暦は「内外の諸司に一本を給する」という規則が「雑令造暦の条」にあるから、官庁に配給するもので、貴族たちは陰陽師や暦博士に個人的に書写を依頼したという。

近松門左衛門の『大経師昔暦』（だいきょうじむかしごよみ）の初めの方に、江戸時代の献上暦について、

大経師以春とて。袴いらずの長羽織家居も京のどうぶくら（ここでは中心地の意）。諸役御免の門作、名高き四条烏丸。すでに貞享元年甲子の十一月朔日。来る丑の初暦、今日より弘むる古例に任せ。主以春は未明より。禁裏院中親王家五摂家清華の御所方へ。新暦を献上し方々のめでた酒。嘉例の如く去年の如く。

と、暦頒布の元締的な大経師《だいきょうじ》家の十一月一日の様子が描写されている。

わが国で一般に暦が普及し始めたのは仮名暦が考案された平安時代も後期くらいからといわれるが、いつの世でも京都の暦が標準になって、それが日本の暦日になる。

江戸時代のなかば近く、貞享の改暦があるまでは、宣明暦が八百年もの間行われ、それに従って各地で独立に暦が計算され、作られていた。そのため地方暦によっては京都と一日違って大の月が小になったり、その逆もあって時々問題が生じた。

経師というのは本来は経文を書き写して、これを巻物や折本に装丁するもので、後に表具師をいうようになった。後でも述べるように、古い時代の暦は巻物であった。この仕事はもとは僧侶が行っていたものが、鎌倉時代ころから専業の工匠があらわれ、禁裏や将軍家の経師となり、大経師はその長であった。京都の暦を経師暦というのは、以上のことからである。江戸時代にも暦仲間のうちでは大経師は絶大の力があった。

余談であるが、上記の近松の浄瑠璃は、貞享の改暦（貞享二年）という、一般にも暦が話題になっていた、その二年前の天和三年（一六八三）に大経師家におきた不倫の事件を扱ったものである。

大経師意春（意俊ともある）の女房さん、同家の手代茂兵衛と、二人の仲を助けた女中玉の三人は丹波国氷上郡山田村へ駆け落ちして隠れ住んでいたのが発覚し捕えられた。同年九月二十二日、三人は市中引き回しのうえ、さんと茂兵衛は磔、たまは獄門となり、三人をかくまっていた

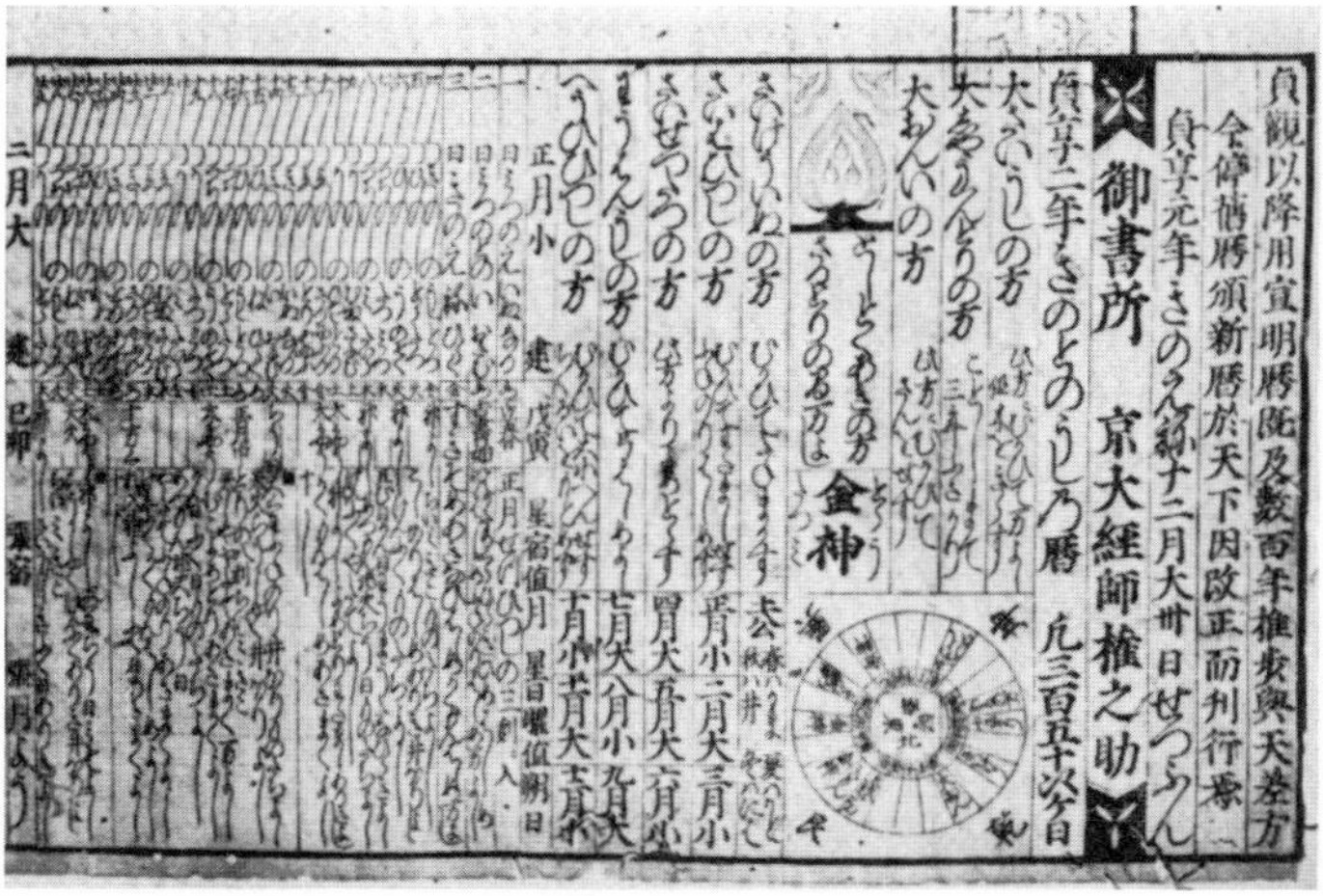

貞享２年暦（大経師版）―内閣文庫蔵―

茂兵衛の兄弟三人も追放された、という実在の事件を扱ったものである。まことにいまでは考えられないほどの残酷な処罰であるが、このときの判決文も残っているから確かな話である。

貞享三年（一六八六）刊行された井原西鶴の『好色五人女』の巻三「中段に見る暦屋物語」も同じ事件を扱っている。この大経師意春は本名を浜岡権之助という。

この事件があって間もない貞享の初めころ、大経師権之助は、自家の暦の販売数を殖やそうと、自分に有利な取り計らいをしてもらうため、京都所司代稲葉丹後守にいろいろ願い出たが、うまくいかなかったので、直接江戸表へ願書を出した。

京都のことは所司代の扱いであるから不審に思った江戸表は、これこれこういう願いが大経師からきたが、これはどういうことであるか？と、所司代へ照会した。自分の頭越しにこのような訴えをされて、面目を潰された丹後守は、烈火のごとく怒って大経師の家を改易、取り潰しにしてしまった。不倫事件とは全然関係のない理由であるが、時間的に接近しているため、お家改易の原因が、前記の不倫事件にあると従来誤解されてきた。

不倫事件は女房の方は極刑に処せられても、された方の亭主に咎めはないのがふつうである。大経師の家はその後、降屋内匠という者に変わった。

十二月　しわす

◈師僧も走る「しわす」？

十二月の和名はしわすである。しわすの読みに対して師走の字を当てるのがふつうである。その意味については『奥義抄』の、

　僧をむかへて、仏名をおこなひ、あるひは経をよませ、東西にはせはしるゆゑに、師はせ月といふをあやまれり。

という話が、通俗的に採用されていることが多い。

『日本書紀』にすでに使われているこの「しはす」である。仏教も伝来まもない、あるいはそれ以前に、僧がそのような役割をもっていたとは、とうてい考えられないから、この説明は師走という漢字に対する説明にはなっても、古来の「しはす」の説明とはならないであろう。

各月に対して普通の睦月、如月、弥生……師走などとは違う異名も多いが、使われることはほ

とんどないので本書では触れない。ただ十二月については、極月とか臘月などが使われているのをときどき見かける。極には、きわまるという意味があることから極月はわかりやすい。

臘月については「三正論」がからんでくる。各月と十二支の対応は毎年同じで、正月が寅の月、二月が卯……、十一月が子、十二月は丑の月であることは前に述べた。

西暦紀元前、中国の前漢の時代にさかんであった「三正論」では子月、丑月、寅月はどの月も正月になる資格があるということで、王朝によって正月を交代させたという説が「三正論」である。

中国の永昌元年（六八九）十一月にこの「三正論」を復活させ、この月を天授元年正月とし、十二月を臘月とよんだという。

天野信景《さだかげ》（享保十八年〈一七三三〉没）の『塩尻』に、

漢の時代、十二月の祭りを臘といい、十二月は神霊を祭る故、臘月といふなり。

とある。毎月にならって七十二候を挙げてみよう。

小寒は十二月節、寒気行はるるの内也。大寒に対していふ。「芹乃栄《せりすなわちさかう》」は芹はへしげるなり。「水泉動」とは二陽地中に生じて水泉の気脈動なり。「雉始雊《ちはじめてなく》」は雉乃雄その雌を求てなくなり。

大寒は十二月の中気、大小寒気おこなはるる也。その候、「款冬華《かんとうはなさく》」は蕗《ふき》のはなさくなり。「水沢腹堅《すいたくふくけん》」とは氷はじめる時は、水沢《みずさわ》の水面のみなり。此ころ寒威強上下に徹《とおり》て、皆凝ゆへに腹堅《はらかたし》といふ。「鶏始乳《にわとりはじめてにうす》」は此ころより鶏はじめて巣に入て卵をあたたむるなり。

◈去年の暦（こぞのこよみ）

カレンダーも最後の一枚が残るだけの、十二月になると、来年のカレンダーがいろいろの機関から発行され、どこの家庭にも何部かがたまることになる。

世の中に使い古されて不用になっていくものが多いなかに、年々座右になくてはならぬものながら、一年が過ぎると次々と不用になっていくのが暦である。日蓮は、去年の暦（こぞのこよみ）という言葉を不用のものの例えに用いている。『法華初心成仏鈔』に、

> 世間の人は法華経と余経と等しく思ひ、剰《あまつさ》へ機に叶はねば闇の夜の錦、こぞの暦なんど云ひて……。

というふうに。御用済みの代表のような「去年の暦」も歴史を学ぶ者や暦を研究するものにとっては、歴史をきざむ目盛りとしておおいに珍重される。

具注暦の高級なものは日記などが、書きこめるようになっていた。そのため毎日の暦注の間に余白があるので間明き暦ともいい、そこに記された日記を暦記といった。

これらの暦は暦そのものの価値もさることながら、日記として価値の高いものであり、平安時代の『御堂関白記』（藤原道長の日記）はその代表的な貴重な暦で、千年もの昔の情報をいまに伝えている。

またこれらとは別に文書・典籍・文学作品などの裏打ちに使われて、いわゆる紙背文書《しはいもんじょ》として残されたものも多い。

時代があとの室町時代などになって、印刷暦が量産され紙質が悪くなってくると「去年の暦」は弊履のごとく捨てられたものとみえ、残された暦は少なくなってしまう。

◈古い暦

従来、日本でもっとも古い暦としては、正倉院所蔵の天平十八年（七四六）、同二十一年と天平勝宝八歳（七五六）の具注暦がよく知られていて具注暦に限らず最古のものとされていた。

一九八〇年三月に静岡県浜名郡にある城山遺跡から、木簡の暦が出土し、神亀六年（七二九）の正月十八日、十九日、二十日のものと判明して最古の記録を更新した。

この暦が暫くの間、最古の記録を守っていたが、二〇〇三年二月二十六日、奈良文化財研究所が「奈良県明日香村の石神遺跡」で暦の断簡の記された、古い木簡が見つかったと発表した。これは六八九年（持統天皇三年）三月と四月分の暦が書き写されていたもので、浜松のものより四十年も古く、最古の記録をまた更新した。その時代、日本では元嘉暦という暦法が使用されていたと信じられている。勿論この暦法も中国から渡ってきたものであるが、元嘉暦の暦は、わが国だけでなく中国・韓国を通じても発見されておらず、これが現在唯一のものである。

これより先、古代東北地方の政治・軍事の拠点であった多賀城跡（仙台の北にある）から一九

多賀城跡出土の具注暦断簡（宝亀11年のもの。川崎市市民ミュージアム『木簡―古代からのメッセージ』）

七七年に多数の古文書が出土した。それらは漆の作業工程で使用された紙で、漆がしみていたため腐食を免れ、そのなかに暦の断片が残っていたものである。これは宝亀十一年（七八〇）のもので、従来空白であった大衍暦《だいえんれき》行用年代（七六四～八五七）のものであった。

しかしこれらは断片的なもので、暦研究の上からは、正倉院の天平勝宝八歳のものが歳首の部分が完全に残っていて、もっとも貴重である。

これも近年の話であるが、栃木県真岡市の天台宗の古刹である荘厳寺で南北朝時代の仮名暦が発見された。これは昭和四十九年、荘厳寺の居貫不動尊を修理中、その胎内から発見された二百点余りの古文書類のなかにあったもので、当時十分な調査が行われていなかった。最近（一九八八年）になって研究者の知るところとなって、にわかに注目を浴びたのである。

暦は康永四、五年と貞和三年（一三四五～四七）の三年分がほぼ完全に残っていた。康永四年（貞和元年）のは版行暦で、あとの分は書写暦であった。

いままで最古の版行仮名暦として知られていたのは、東洋文庫蔵の元弘二年（一三三二）の暦であった。この東洋文庫蔵の最古版暦第一位の座はゆるがないが、この暦は従来知られていた、他の版行仮名暦と比較すると飛び抜けて古く、その古さゆえにかえって、その年代を疑われたことさえあった。それとともに、この元弘二年暦は断片で、一年分はない。その点からいっても、この仮名暦の発見は大変喜ばしいことであった。このように、いまだに各地でいろいろ発見されるのは楽しいことである。

江戸時代の金石・考古学者として著名な藤原貞幹の寛政六年（一七九四）の著『好古小録』には、

暦日を印行すること、何の時に始まるにや。天正中（一五七三〜九一）の印行暦日、稀に存す。又活板国字暦あり。天正以前のものといふ……。

とあり、当時の研究者にはこの程度の知識しか得られなかったのである。そのころでは情報も乏しく、研究書もないので、古暦の調査といっても容易でなかったことがわかる。

同様のことは、たとえば江戸中期の有名な国学者である本居宣長（一七三〇〜一八〇一）が、

ものがたりに、かな暦といふことあり。むかしは真名と仮字との暦ありしにや。

といっており、具注暦と仮名暦の知識も、当時は宣長のような学者にすら知られていなかったことがわかる。

さて、具注暦とは多くの暦注がつぶさに注記してあるからこの名がある。普通は書写暦で、巻

物仕立てであった。『栄花物語』の作者は、不幸なことが次々とおきた万寿二年（一〇二五）の暮に、

はかなく十二月にもなりぬれば、暦の軸もと、近うなりぬるをあはれにも思ふ程に……。

と年の瀬の感懐を暦に託している。また『夫木和歌抄』の、

行くとしを暦のぢくにまきよせて
おひはてにける身をなげく哉

あるいは『紅葉和歌集』の、

今いく日しはすの月も巻よせて
残る暦の奥の少き

などの歌にも『栄花物語』と相似た歳晩の思いが歌われているが、それらはいずれも暦が巻物であったことを示している。

徳川時代初期の学者である林羅山の『梅村載筆』に、次のような解説が載っている。

在暦軸迫と云ことは、一巻の暦末に白紙なしと云心なり、書簡を書く紙の迫るときに、此言を引て書くなり。楮尾《とうび》に書べき所なきの義なり。

さて床の間を背にして、机の上に巻物の暦を広げてゆっくり眺める、などは絵になる図ではあるが、それは生活に余裕のある人たちのすることである。

暦が庶民のものとなり、仮名暦が普及するようになれば、暦の体裁も自然ともっと手軽な、場

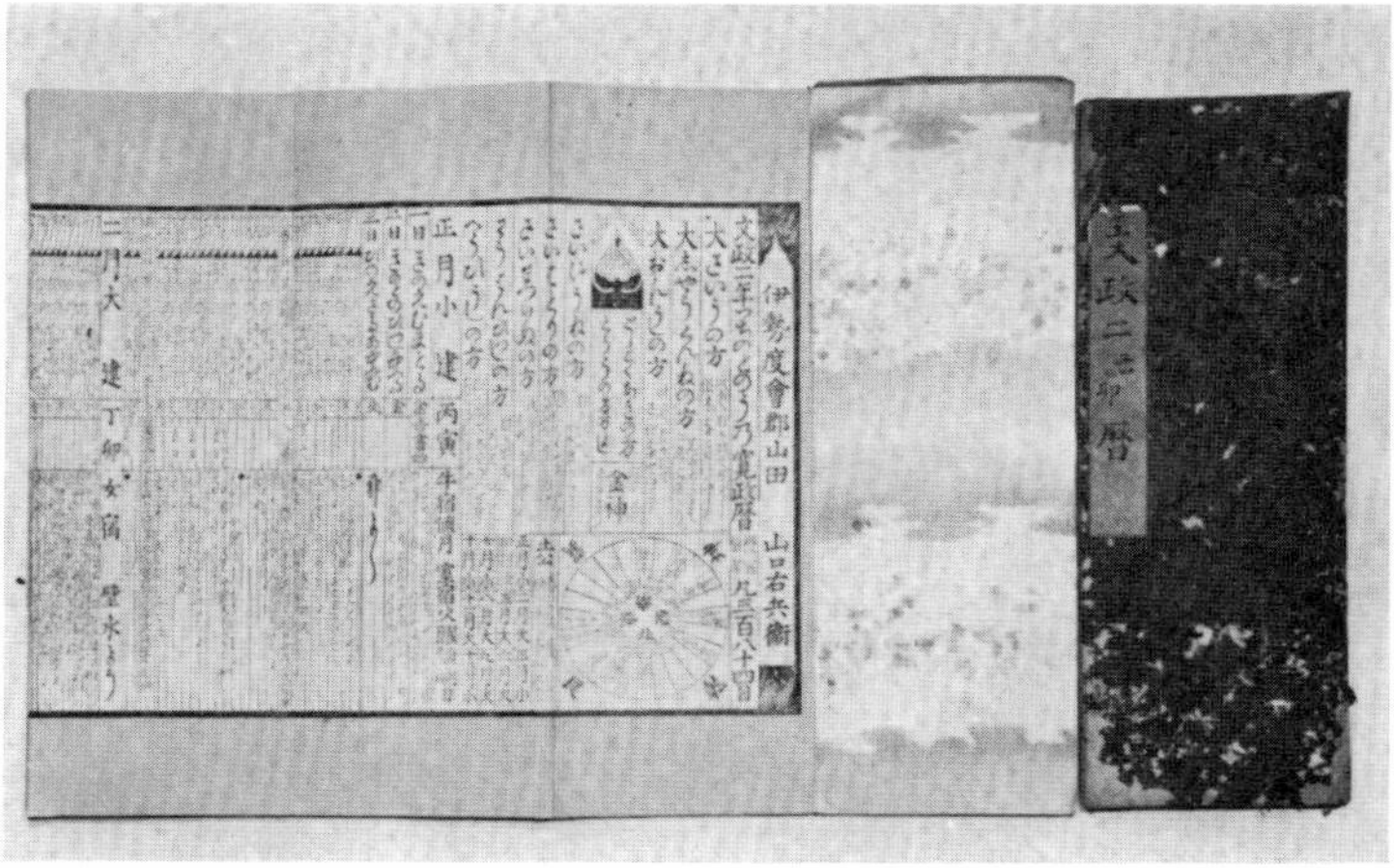

文政２年伊勢暦（献上暦）

所をとらない使いやすいものが工夫される。

後世は、たとえば伊勢暦のような折畳み式、三島暦や江戸暦のように小冊子ふうに綴じたものが大勢を占めるようになる。

江戸時代、伊勢暦が急速に普及したのには伊勢神宮のお札と一緒に配られた暦が、土産としてもっとも喜ばれたことに由来する。平田篤胤の『俗神道大意』に、

> 御師より諸国へくばる御祓箱に添て、土産として、のしあわびなどと新暦を配る事も、戦国のみぎりは遠国などでは京都へ遠いに依て暦を求める事、容易には出来ぬ。そこで外の品を土産に持参致すよりは暦を求めくれよと、所々から頼まれる。そこで求めて送り送り致したる所が、いつとなく伊勢から暦を配る事に成たものと、申す事ぢゃ。

と、その間の事情が語られている。

これに関連しては平戸藩主松浦静山侯の『甲子夜話《かっしやわ》』には次のような話が語られている。

江戸暦の表紙（綴暦）

松平土佐守より恒例献上する土佐節と称する国産、近頃は御当地小網町に居る魚賈《こ》（魚商）大坂屋武兵衛と云より、上品を、かの侯に調進して、これを献上せらるゝとなり。松平下総守より桑名の大蛤を貢しも、運送の手数掛るとて、房州の大蛤を以て換貢す。……伊勢の御師《おし》毎年大神宮の祓を持下り、所謂伊勢暦と共に諸人に頒ちしを、此ごろは御師は空手にて旅行して、三河町に其問屋ありて彼二物を予め製造しおき、御師着府の上、それを持廻りて諸人に賦《くば》ると云。いかにも虚薄無実の俗とはなり果けり。

と、当世の風潮を嘆いている。さきの篤胤の文章にもある御師とは、師職ともいい、御祈祷師の略称であった。伊勢神宮では、朝廷以外のものはみだりに金品を奉納することが禁じられていた。そこで、ひそかに奉納したり祈祷や神楽を奏進しようとするものは、神主の紹介が必要であった。寄進する品物は米が多かったので御初穂という言葉が生まれ、やがてほかの品物についても、この初穂がつかわれた。

これらの神職が自分の私邸に参宮者を止宿させ、世話をするようになったのが御師の始まりで、やがてそれを専門職にするものが増えた。この御師によって伊勢暦はお札のおまけのようにして各所に配られ普及したものである。

伊勢暦の普及におおいに功のあったこの御師の制度も、明治四年（一八七一）七月に廃止され、内宮、外宮あわせて三百余軒あったものが、すべて廃業を余儀なくされた。

◈ 記念日考

十二月といえば毎年、十四日義士祭りが催され、泉岳寺の境内はその日線香の煙で少し先も見えないくらいになる。しかし元禄十五年十二月十四日は太陽暦では一七〇三年の一月三十日で、ちょうど東京地方で雪の降りやすい時期である。

たびたび申し上げているとおり、陰暦の日付は太陽暦に直さないとその事件なり、できごとがあったときの季節がわからない。

非現実的な神話にでている日付を無理に結びつけて、祝日として論議をよんだ建国記念の日にしても、もとは『日本書紀』にある神武元年正月朔日をグレゴリオ暦に直して二月十一日にしているし、天智天皇の十年四月二十五日に漏刻を設けて初めて時を打ったという記事から、これもグレゴリオ暦に直して、六月十日を時の記念日としたものである。

このように、昔のできごとで日付がわかっているものは現行のグレゴリオ暦の日付に直すべきである。しかし義士討入の日は講談などで極月なかばの……と言い習わしてきているので、一月三十日ではピンとこなくて、話にならないというところであろうか。

これについては、京都大学総長をされ、暦学についても造詣の深かった新城新蔵博士（一八七三〜一九三八）は、詳しく次のように述べている。

或る事件を記念し当時の様子を髣髴《ほうふつ》せしむるためには、成るべくは其当時と季節も同じく、周囲の状況も同じ様なる時日を選むのが適当であるが、しかし全然同じ様な状況を再現せしむることは到底出来ないことである。例へば元禄十五年十二月十四日の義士の討入を記念するためには、若し事件の発端なる三月十四日と因縁ある十二月十四日といふ月日に執着するならば、現行暦の十二月十四日を以て記念日とするのもよいであろうし、若し当時の雪を連想せんとならば、其当日に相当せる太陽暦の時日なる一月三十日をとるべく、若し又当夜の月を連想するためには、旧暦の十二月十四日を取るべきで、いずれも一得一失であるが、以上三つの条件を併せて満足さすことは到底不可能のことで如何とも致し方ない。況んや、其他の一切の周囲の状況までをも再現せしむることはいふまでもなく不可能である。蓋《けだ》し歴史は或る一面より見れば繰りかへすものの如くであるが、其全体より見れば決してくりかえさぬものであるからである。

◈「すすはらい」と大晦日《おおみそか》

『お湯殿の上の日記』慶長三年十二月十八日の条に、

御煤はきの御ふれあり、こよいより御ゆどののうえ、ならします、さけの御くばりあり。十

煤竹『大和耕作絵抄』

九日御煤はきいつものごとくあり。

との記事がある。西村遠里の『貞享解』の頒暦略注の巻には「すすはらい」は十二月十日ごろより三十日までに三度、甲午、壬寅、己卯の日に暦に記すとある。

しかし、江戸では近世は十二月十三日と決まっていた。そのことは、大田南畝の『一話一言』にも、

南郭先生、毎年十二月十三日には家内の煤払をさけて、東海寺少林院にて詩会をなす。名付けて掃塵会といへり。

との話が載せられてあるし、川柳にも見ることができる。たとえば、赤穂浪士の討入の十二月十四日にかけて、吉良邸のことを、

あくる日は夜討ちとしらず煤をとり

また、江戸城大奥でもこの日は煤払いが行われたが、そのあとで、老女を胴上げにするしきたりがあり、

御つぼねはそっとそっとの十三日

という川柳はそれを歌っている。いつも口やかましい老女たちもこの日は立場が変わって、胴上げをやさしくやってほしいと願う気持である。

昔は今と違って、商取引や日常の買い物も現金払いでなくて、掛けですませ、毎月末に清算す

る。特に十二月の晦日は一年の清算であるから集金する方もされる方も必死である。井原西鶴は浮世草子の中の『当世胸算用』の序文（元禄五年〈一六九二〉）で、

元日より胸算用油断なく、一日千金の大晦日（おおつごもり）をしるべし。

と大晦日のいろいろの話を載せて、よく心がけるよう語っている。いつの年も正月があれば、大晦日もある。江戸の狂歌にも、

今さらに何かおしまん神武より
二千年らい暮れて行く年

ちなみに元日と大晦日は、毎年（平年では）曜日は同じである。

◈私大（わたくしだい）

青森県の旧南部領にあっては、旧暦時代に私大ということが行われていた。これは十二月が小の月の場合、一日加えて三十日にしていた。つまり、正規の暦の翌年元日を大晦日にし、二日を元日にしてその日に正月を祝った。そして暦と合わせるために正月の二十日頃までに一日とばしていた。これを私大という。

正徳四年（一七一四）の記録の要約。

十二月晦日戊戌、晴れ、旧例に随つて小を以て大となす。正徳五年乙未の歳、正月大、朔日己亥、雪、旧年十二月小也。故に二日を以て朔日となす。

正月十八日丙辰、晴れ

正月二十日丁巳、晴れ、御嘉例の如く、今日より暦日直る。

という具合に干支は連続しているが、日付は飛ばしている。

この理由であるが、定説はないらしい。いま江戸幕府が寛政年間に編集した『寛政重修諸家譜』(徳川幕府の編集した諸家の系譜集)の南部光行の条を引用してみると、

治承四年石橋山の戦ひに、頼朝将軍に属して軍功ありしかば、甲斐国南部郷をあたへらる。文治五年六月九日鶴岡八幡への社に先陣の随兵たり。七月伊達の泰衡を征伐として陸奥国に発向のときこれに従ひ、阿津賀志山国見沢にをいて戦功あり。泰衡亡びてのち、陸奥国を分て軍功の士三十六人に宛行はる。光行もその列にありて九戸、閉伊、鹿角、津軽、糠部の五郡を領す。

十二月二十九日糠部郡三戸に入部するのところ、この月小尽にして新春を迎ふるの儀をなすことを得ず。ゆへに私に大尽となし越年の儀式を整ふ。のち代々吉例とす。邦俗これを南部の私大と称す。

この私大については、青森県八戸市の斎藤潔氏がいろいろ文献を調べ研究されているが、同氏によれば、このおこりについては上記以外の説もあるようで、二十九日では「大晦日」がなくておかしいということもあるらしい。確かに、二十九日では「みそか」とは読めない。また日付の調整についても、

一、盛岡藩武家は正月十八日から二十日にとぶ。民間は九日から十一日にとぶ。
二、八戸藩武家・民間の区別なし。
初期のころは正月最後の日をなくしたが、正月が小のときは、ちょっと具合が悪いので後には十九日から二十一日にとぶ。

ということにしたそうである。しかし、こういう不自然なことをすると、なにかと不都合があったであろうことは容易に想像される。あまり評判が良くなかったこともうなずける。

しめくくりとして、最後に歳暮の歌をあげておこう。

暮てゆく年のなこりをよそにして
春まちかほの　われもつれなし　（天野信景『塩尻』）

昨日といひけふとくらしてあすか川
流れて速き月日なりけり　（『古今和歌集』はるみちのつらき）

かぞふれば年の残りもなかりけり
老いぬるばかり　悲しきはなし　（『新古今和歌集』和泉式部）

はかなくて今夜《こよい》あけなば行年《ゆくとし》の
思出もなき　春にやあはなむ　（『金槐和歌集』）

あとがき

本書を最初に世に出してすでに十二年、此の度の新装版につき、出版社の同意を得られたことは本書に愛着のある著者としては、大変嬉しいことです。本書はその内容の性質上、年数が経ったと言っても、内容について、特に訂正しなければならないことは、ほとんどありません。しかし各所であげてある、新旧の日付けの相違などは、最近の数字に修正しました。また最近出土した古暦のこと、日本で見られる金環食の資料、明治改暦や明け六つ暮れ六つのことなどについて、若干の補足を試みました。

新版についての労をとって頂いた雄山閣社長の宮田哲男氏、主として挿図等について、ご苦労をお願いした同社編集部の久保敏明氏に御礼申上げる次第です。

二〇〇三年　十二月

■著者紹介
内田正男（うちだ まさお）
1921年　小田原に生まれる。
1943年　専検合格。
1944年　東京天文台に入る。
1967年　東京大学講師となり引続き東京天文台に勤務。
1982年　定年退官。
2020年12月　逝去

著　書
『日本暦日原典』『暦と日本人』『暦の語る日本の歴史』『こよみと天文今昔』『暦と時の事典』。その他、共同執筆論文多数。

平成3年12月5日　初版発行
平成16年2月20日　新装版発行
令和5年11月25日　第三版第一刷発行　《検印省略》

暦《こよみ》のはなし十二《じゅうに》ヵ月《かげつ》【第三版】

著　者　内田正男
発行者　宮田哲男
発行所　株式会社 雄山閣
〒102-0071　東京都千代田区富士見2-6-9
TEL　03-3262-3231㈹／FAX　03-3262-6938
URL　https://www.yuzankaku.co.jp
e-mail　info@yuzankaku.co.jp
振替　00130-5-1685
印刷・製本　株式会社ティーケー出版印刷

ISBN978-4-639-02950-2　C0021
N.D.C.449　224p　19cm